燃气行业从业人员专业教材

电气仪表维修工

主　编　高昕东　杨　艳　卫志君
副主编　温兆慧　范凯凯　牛　超

本书立体化资源

黄河水利出版社
·郑　州·

内 容 提 要

本书是电气仪表维修工培训教材,根据知识体系设置三大部分内容。第一部分为测量仪表与自动化控制,第二部分为电工仪表与供配电系统,第三部分为职业技能。本书系统、全面、准确地阐述了电气仪表维修工种所具备的知识内容,同时结合岗位操作要点,提炼了17个典型工作任务,是一本与电气仪表维修岗位实际操作结合度较高的教程。

本书适合作为电工从业人员以及燃气相关行业管理人员和相关企业人员的培训学习专业资料,还可以作为中、高等职业技工院校电气仪表自动化专业及燃气专业学生的参考教材,还可作为职业技能鉴定前的培训教材。

图书在版编目(CIP)数据

电气仪表维修工/高昕东,杨艳,卫志君主编 . —郑州:黄河水利出版社,2019.4 (2024.9 修订重印)
燃气行业从业人员专业教材
ISBN 978-7-5509-2348-5

Ⅰ.①电… Ⅱ.①高… ②杨… ③卫… Ⅲ.①电工仪表-维修-技术培训-教材 Ⅳ.①TM930.7

中国版本图书馆 CIP 数据核字(2019)第 077793 号

策划编辑 陶金志 电话:0371-66025273 E-mail:838739632@qq.com
母建茹 电话:0371-66025355 E-mail:273261852@qq.com

出 版 社:黄河水利出版社
地址:河南省郑州市顺河路黄委会综合楼 14 层 邮政编码:450003
发行单位:黄河水利出版社
发行部电话:0371-66026940、66020550、66028024、66022620(传真)
E-mail:hhslcbs@126.com
承印单位:河南博之雅印务有限公司
开本:787 mm×1 092 mm 1/16
印张:14.5
字数:353 千字
版次:2019 年 4 月第 1 版 印次:2024 年 9 月第 2 次印刷
2024 年 9 月修订
定价:45.00 元

前　言

随着现代科技的发展,现代先进的电气自动化技术、精密仪器仪表的测控技术等在燃气行业得到了广泛应用。由于天然气生产运营过程存在高温高压、易燃易爆等危险元素,燃气行业对其生产自动化系统的可靠性和安全性提出了较高的要求,不仅提升了自身的装置技术,而且加强了对电气仪表的检修和管理。

为保障燃气企业的安全生产,电气仪表维修人员的规范操作至关重要,不仅需要提高电气仪表的供电安全、合理配置仪表供电系统、降低控制系统和仪表的供电风险,同时需要加强对仪器仪表设备的检修和维护,准确判断并排除设备故障,熟练操作使用自动化控制系统。因此,从为培养燃气行业的电气仪表维修专业技术应用型人才培养的要求出发,同时为广大燃气行业的仪表维修从业人员提供比较系统、全面和准确的专业技术参考,特编制此书。

本书的编写注重理论与实践的结合,紧密贴合企业需求、岗位需要,同时对电气仪表维修操作中的有用经验进行了归纳和总结,以期对电工从业人员职业技能鉴定及培训学习有所指导和帮助。同时,本书还可作为燃气行业的安全生产管理人员、一线作业与操作人员、燃气相关企业员工的专业学习资料和中、高等职业及技工院校专业参考教材。

本书共分 8 章,内容包括测量仪表与自动化控制、电气基础知识以及常用电工仪表,同时根据岗位实际操作,提炼了 17 个典型工作任务,详细介绍了操作步骤及注意事项,力求简明扼要,深入浅出,另外针对生产运行中设备的常见故障与排查进行了系统阐述。本书第一章、第二章以及第八章由高昕东编写;第三章、第四章以及第五章的第三、第四节由杨艳编写;第五章第一、第二节由卫志君编写;第六章、第七章由温兆慧编写。本书工作任务 1、2、7、8 由杨艳编写;工作任务 3、9、10、11、12、13、17 由卫志君编写;工作任务 4、5、6 由高昕东编写;工作任务 14、15、16 由范凯凯编写。全书由高昕东、杨艳、卫志君担任主编;由温兆慧、范凯凯、牛超任担副主编,全书由牛超统稿,高昕东审阅。

为了不断提高教材质量,编者于 2024 年 8 月结合在教学实践中发现的问题和错误,对全书进行了修订完善。本次修订以习近平新时代中国特色社会主义思想为指导,全面贯彻落实党的二十大精神、立德树人根本任务。

本书在编写过程中参考了大量的已出版文献,并得到众多从事电气仪表工作的工程技术人员和管理人员的关心与帮助,提供了大量岗位操作中的经验与案例,在此表示衷心的感谢! 对于本书中的不当之处,恳请各位读者批评指正。

编　者

2024 年 8 月

目　录

1 测量仪表与自动化控制

1 测量仪表与自动化控制

近年来,由于自动化技术的迅猛发展,自动化技术不仅仅限于生产过程,而且已被广泛地用于生产工艺、设备、管理与控制的各个领域。因此,对于从事燃气行业的技术人员,除必须深入了解和熟悉生产工艺外,还必须学习和掌握自动化仪表方面的知识,这对开发现代化的生产运营与管理是十分必要的。

测量仪表与自动化控制系统包括检测仪表、控制器和执行器三大部分,可使工艺条件自动地控制在规定的数值范围内并维持正常状态,保障整个生产过程稳定、安全地运行。

第一章 压力检测仪表

压力表(pressure gauge)是指以弹性元件为敏感元件,测量并指示高于环境压力的仪表,应用极为普遍,它几乎遍及所有的工业流程和科研领域。在热力管网、油气传输、供水供气系统、车辆维修保养等领域随处可见。尤其在工业过程控制与技术测量过程中,由于机械式压力表的弹性敏感元件具有很高的机械强度以及生产方便等特性,机械式压力表得到了越来越广泛的应用。

第一节 压力检测仪表基础知识

压力检测仪表主要有两大类:一类为就地压力仪表,一类为有数据远传以及就地显示的压力变送器。

一、就地压力仪表

(一)弹簧管压力表

弹簧管压力表属于就地指示型压力表,就地显示压力的大小,不带远程传送功能。弹簧管压力表通过表内的敏感元件——波登管的弹性变形,再通过表内机芯的转换机构将压力形变传导至指针,引起指针转动来显示压力。

适用于测量无爆炸、不结晶、不凝固、对铜和铜合金无腐蚀作用的液体、气体或蒸汽的压力。弹簧管压力表的延伸产品有弹簧管耐震压力表、弹簧管隔膜压力表、不锈钢弹簧管压力表,以及弹簧管电接点压力表等。

弹簧管压力表的外观及内部结构如图1-1所示。

弹簧管压力表主要由弹簧管、齿轮传动放大机构、指针、刻度盘和外壳等几部分组成,如图1-2所示。弹簧管是一根弯成圆弧形的空心金属管,其截面做成扁圆或椭圆形,它的一端为自由端,即弹簧管受压变形后的变形位移的输出端,另一端为固定端,即被测压力的输入端,焊接在固定支柱上,并与管接头相通。当弹簧管内受到介质压力时,它的自由端就向外伸张,经传动机构带动指针转动,由刻度盘上指示出介质的压力。

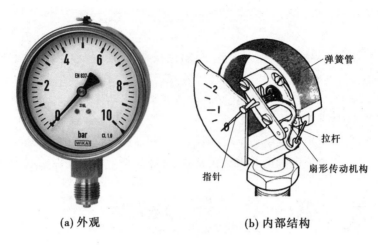

(a) 外观　　　　　　(b) 内部结构

图 1-1　弹簧管压力表的外观及内部结构

（二）隔膜式压力表

隔膜式压力表采用间接测量结构,隔膜在被测介质压力作用下产生变形,密封液被压,形成一个相当于 p 的压力,传导至压力仪表,显示被测介质压力值。适用于测量黏度大、易结晶、腐蚀性大、温度较高的液体、气体或颗粒状固体介质的压力。隔离膜片有多种材料,以适应各种不同腐蚀性介质。

隔膜式压力表的外观及内部结构如图 1-3 所示。

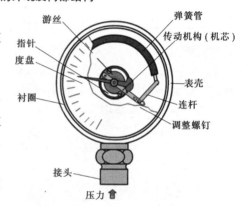

图 1-2　弹簧管压力表的工作示意图

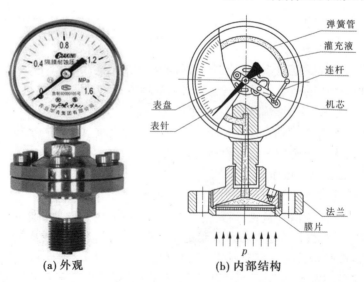

(a) 外观　　　　　　(b) 内部结构

图 1-3　隔膜式压力表的外观及内部结构

　　当用隔膜压力表测量压力时,被测量工作介质直接作用在隔离膜片上,膜片向上产生向上的变形,通过弹簧管内的灌充液将介质压力传递给弹簧管,使弹簧管末端产生弹性形变,借助于连杆机构带动机芯齿轮轴转动,从而使指针在刻度盘上指示出被测压力值。

(三)膜盒式压力表

　　膜盒式压力表采用膜盒作为测量微小压力的敏感元件。适用于测量气体的微压,广泛应用于锅炉通风、气体管道、燃烧装置等其他类似设备上。膜盒式压力表的外观如图1-4所示。

图1-4　膜盒式压力表的外观

　　仪表由测量系统(包括接头、波纹膜盒等)、传动机构(包括拔杆机构、齿轮传动机构)、指示部件(包括指针与度盘)和外壳(包括表壳、衬圈和表玻璃)所组成,如图1-5所示。仪表的工作原理是基于波纹膜盒在被测介质的压力作用下,其自由端产生相应的弹性变形,再经齿轮传动机构的传动并予以放大,由固定于齿轮轴上的指针将被测值在度盘上指示出来。

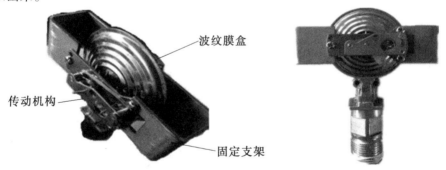

图1-5　膜盒式压力表的内部结构

(四)膜片式压力表

　　膜片式压力表适用于测量具有一定腐蚀性、非凝固或非结晶的各种流体介质的压力或负压。其外观如图1-6所示。耐腐蚀性能取决于膜片材料。

　　不锈钢耐腐膜片式压力表的导压系统和外壳等均为不锈钢,具有较强的耐腐蚀性能。主要用于化学、石油、纺织工业对气体、液体微小压力的测量,尤其适用于腐蚀性强、黏稠介质(非凝固或非结晶)的微小压力测量。

　　膜片式压力表由测量系统(包括法兰接头、波纹膜片)、传动指示机构(包括连杆、齿轮传动机构、指针和度盘)和外壳(包括表壳和罩圈)等组成,如图1-7所示。仪表外壳为

图1-6　膜片式压力表的外观

防溅结构,具有较好的密闭性,故能保护其内部机构免受污秽浸入。

　　仪表的作用原理是基于弹性元件(测量系统上的膜片)变形。在被测介质的压力作用下,迫使膜片产生相应的弹性变形——位移,借助于连杆组经传动机构的传动并予以放大,由固定于齿轮上的指针将被测值在度盘上指示出来。

　　(五)差压表

　　差压表适用于化工、化纤、冶金、电力、核电等工业部门的工艺流程中测量各种液(气)体介质的差压、流量等参数,其外观如图1-8所示。仪表结构全部采用不锈钢制成,采用双波纹管结构,即两只波纹管分别安装在"工"字形支架两侧的对称位置上。"工"字形支架的上下两端分别为活动端和固定端,中间由弹簧片相连接;两只波纹管呈平行状态,分别用导管与表壳上的高低压接头相连接;齿轮传动机构直接安装在支架的固定端,并通过拉杆与支架的活动端相连接;度盘直接固定在齿轮传动机构上。

　　差压表工作原理示意图如图1-9所示。

　　差压表感压元件采用两只相同刚度的波纹管,因此在同一被测介质下迫使其产生相同的

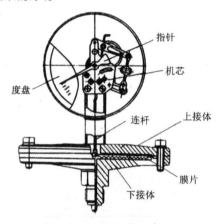

图1-7　膜片式压力表的内部结构

图1-8　差压表的外观

集中力分别作用于活动支架上,由于弹簧片两侧在等力矩作用下不产生挠度,股支架还处于原始位置,这样齿轮传动机构也不动作,使指针仍指在零位。当施加不同压力(一般高压端高于低压端)时,两波纹管作用在活动支架上的力则不相等,使之分别产生相应的位移,并带动齿轮传动机构传动并予以放大,由指针偏转后指示出两者之间的差压。

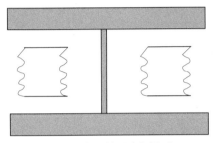 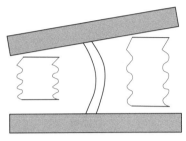

(a)差压表两端压力相同时   (b)差压表两端压力不同时

图 1-9　差压表工作原理示意图

二、远传压力仪表

压力变送器(pressure transmitter)是指以输出为标准信号的压力传感器,是一种接受压力变量按比例转换为标准输出信号的仪表。其外观如图 1-10 所示。它能将测压元件传感器感受到的气体、液体等物理压力参数转变成标准的电信号(如 4 ~ 20 mA 直流等),以供给指示报警仪、记录仪、调节器等二次仪表进行测量、指示和过程调节。

变送器简单说就是把一种量转换成另外一种量(电量)并送到所需设备的仪器。压力变送器是将压力变量转换为可传送统一输出信号的仪表,而且输出信号与压力变量直接有一给定的连续函数关系,通常为线性函数。压力变送器

图 1-10　压力变送器的外观

作为远传压力检测仪表,简单地说,是由测压元件传感器、测量电路和过程连接件等组成。

如:一个压力变送器的量程为 0 ~ 5 MPa,那么经过变送器转换后可将压力变送器检测到的压力信号转化为 4 ~ 20 mA 的直流电流反馈到控制器中。就是说当压力变送器检测到的压力为 0 时,那么连接变送器的通信电缆会产生 4 mA 的电流送给控制器,当压力变送器检测到的压力为 5 MPa 时,那么连接变送器的通信电缆会产生 20 mA 的电流送给控制器,压力与变送器产生的电流二者之间是一个线性关系,如图 1-11 所示。

压力变送器工作原理:当压力直接作用在测量膜片的表面,使膜片产生微小的形变时,测量膜片上的高精

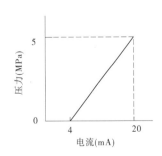

图 1-11　压力变送器电流值与
检测量程的线性关系图

度电路将电容微小的形变变换成与压力成正比的高度线性、与激励电压也成正比的电压信号,然后采用专用芯片将这个电压信号转换为工业标准的 4～20 mA 电流信号,通过双绞线电缆连接到可编程控制器(PLC)对应的模块上(见图 1-12),通过计算机编程以及组态,显示到上位机,同时现场变送配置有液晶标头,可以就地观察压力参数,如图 1-13 所示。

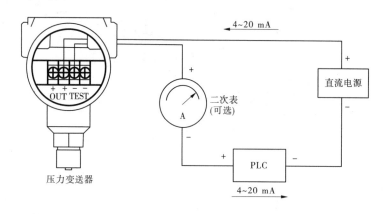

图 1-12 压力变送器与 PLC 接线图

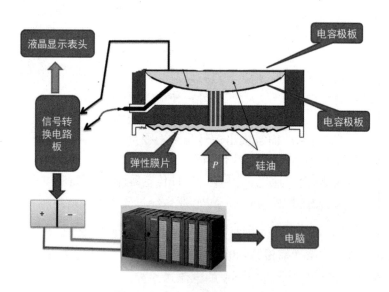

图 1-13 压力变送器的工作原理

图 1-14 所示为差压变送器的感应原理。图中仪表灌充液为硅油,当过程隔离膜片所受到的外界压力增大时,此时将硅油挤压到中间腔室,使中间的感压极板位置发生偏移,使变送器的电容发生变化,电容的变化使电路板输出的电流值(4～20 mA)发生变化。

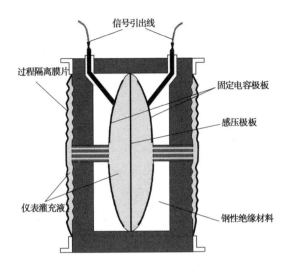

图 1-14　差压变送器的感应原理

第二节　PLC

可编程控制器简称 PLC,是一种数字运算操作的电子系统,专门在工业环境下应用而设计。它采用可以编制程序的存储器,用来在执行存储逻辑运算和顺序控制、定时、计数和算术运算等操作的指令,并通过数字或模拟的输入(I)和输出(O)接口,控制各种类型的机械设备或生产过程。可编程控制器是在电气控制技术和计算机技术的基础上开发出来的,并逐渐发展成为以微处理器为核心,把自动化技术、计算机技术、通信技术融为一体的新型工业控制装置。目前,PLC 已被广泛应用于各种生产机械和生产过程的自动控制中,成为一种最重要、最普及、应用场合最多的工业控制装置,被公认为现代工业自动化的三大支柱(PLC、机器人、CAD/CAM)之一。本节以较为普遍使用的西门子 S7200/300 型号为例进行讲解。

一、PLC 的硬件结构

PLC 硬件结构示意图如图 1-15 所示。

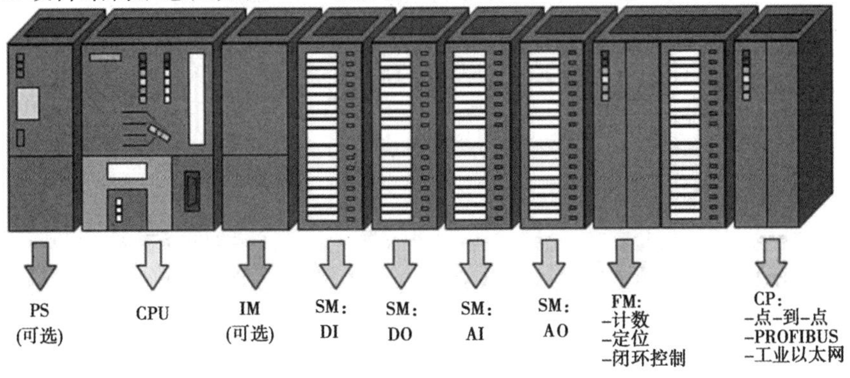

图 1-15　PLC 硬件结构示意图

（一）PS——电源模块

PLC 的电源在整个系统中起着十分重要的作用。如果没有一个良好的、可靠的电源系统是无法正常工作的,电源模块(PS)的主要作用是将 220 V 交流电源转换为 24 V 直流电源供给后面模块使用,特别是 CPU 模块。但是如果一般交流电压波动在 ±10% 范围内,可以不采取其他措施而将 PLC 直接连接到交流电网上去。

（二）CPU——中央处理器模块

中央处理单元(CPU)是 PLC 的控制中枢。它按照 PLC 系统程序赋予的功能接收并存储从编程器键入的用户程序和数据;检查电源、存储器、I/O 以及警戒定时器的状态,并能诊断用户程序中的语法错误。当 PLC 投入运行时,首先它以扫描的方式接收现场各输入装置的状态和数据,并分别存入 I/O 映象区,然后从用户程序存储器中逐条读取用户程序,经过命令解释后按指令的规定执行逻辑或算数运算的结果送入 I/O 映象区或数据寄存器内。等所有的用户程序执行完毕之后,最后将 I/O 映象区的各输出状态或输出寄存器内的数据传送到相应的输出装置,如此循环运行,直到停止运行。

为了进一步提高 PLC 的可靠性,近年来对大型 PLC 采用双个 CPU 构成冗余系统,或采用三个 CPU 的表决式系统。这样,即使某个 CPU 出现故障,整个系统仍能正常运行。

（三）IM——连接器模块

IM 连接器的主要作用是实现中央机架与扩展机架的连接,通过扩展机架的输入输出模块把数据传送给 CPU,如图 1-16 所示。

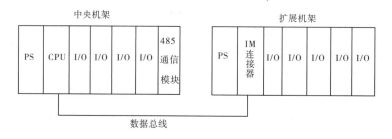

图 1-16 IM 连接器作用示意图

（四）I/O 输入输出模块——AI、AO、DI、DO 模块

模拟量信号是指连续变化的信号,如压力、温度、液位、流量、阀门的开度等,这些信号变化的过程都是连续的。

数字量信号是指离散变化的信号,如设备的启停、控制阀门(球阀)的开关、灯的两灭等只有两种变化的信号。

输入与输出主要是以 PLC 控制器为参照物,输入就是指现场设备把信号反馈到PLC,而输出是指 PLC 将信号发送给现场设备。

AI:模拟量输入模块,指的是现场的各类变送器把检测的物理参数转化为 4 ~ 20 mA的连续变化的电流信号输入到 PLC 的 AI 模块。

AO:模拟量输出模块,PLC 的 AO 模块输出 4 ~ 20 mA 的连续变化的电流传送到现场设备,模拟量的输出一般主要用来控制带有可控执行机构(液动、电动、气动)的阀门的开度。

DI:数字量输入模块,指的是现场设备将状态反馈给 PLC 的 DI 模块,如阀门的开关状态、设备的启停状态等。

DO：数字量输出模块，是指 PLC 的 DO 模块输出信号（一般为 24 V 的正极信号），送给现场控制设备的启停或者阀门的开关等。

（五）功能模块

特定的工艺环节要求如计数、定位等功能模块。

（六）通信模块

如以太网、RS485、Profibus–DP 通信模块等主要连接智能化设备，如流量计、分析仪表、子成套设备的通信等。

二、PLC 的模拟量输入模块

（一）S7200PLC 模拟量模块

S7200–EM231 模拟量输入模块如图 1-17 所示。

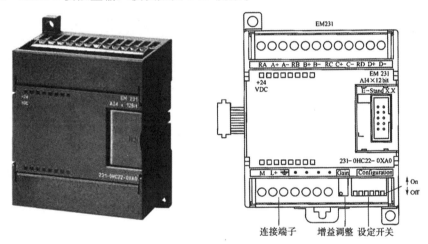

图 1-17　S7200–EM231 模拟量输入模块

常用的 S7200 模拟量模块为 EM231 型号，可以接 4 路变送器，如图 1-18 所示。

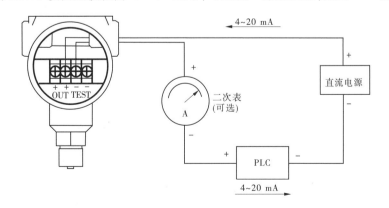

图 1-18　压力变送器接线原理图

忽略图中二次表（可选），线路连接的顺序为：直流电源"＋"→变送器"＋"，由变送器"－"→PLC EM231 模块"A＋",由 EM231 模块"A－"→直流电源"－",最后将 EM231 模块"RA"与"A＋",短接。其他三个通道以此类推,通过一定的编程以及组态开发,实现压力变送器数据的显示。

（二）S7300PLC 模拟量模块

S7300 的接线比 S7200 要简单很多,以 S7300 模拟量模块 SM331 为例(见图 1-19)进行阐述。

图 1-19　S7300 SM331 模拟量输入模块外观以及内部端子

此模块有 20 个接线端子(见图 1-20),1 号与 20 号分别接 PLC 电源模块本身或者外部直流电源提供的 24 V 的正极与负极,其中 2 号与 3 号两个端子之间产生 24 V 直流电压用于连接变送器,以此类推,4—5、6—7、8—9、12—13、14—15、16—17、18—19 等端子分别都可以连接现场对应的变送器,其中 10 号、11 号空接。

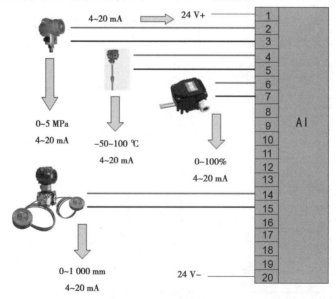

图 1-20　S7300 SM331 模拟量输入模块接线原理图

在现场实际接线的过程为现场变送器→现场防爆端子箱→站控室控制柜现场进线端子→保护装置(浪涌保护器/隔离安全栅)→PLC AI 模块。

第三节　压力检测仪表常见故障以及排查

一、就地压力仪表常见故障排查

就地压力仪表常见故障及处理方法如表1-1所示。

表 1-1　就地压力仪表常见故障及处理方法

序号	故障	故障原因	处理方法
1	压力表无指示	(1)导压管路上的根部阀未打开; (2)导压管路堵塞; (3)弹簧管损坏	(1)打开气源根部阀; (2)用钢丝疏通,用气吹干净; (3)更换新压力表
2	指针抖动	(1)被测介质压力波动大; (2)压力表的安装位置振动大; (3)高压、低压和平衡阀连接漏气(差压计)	(1)更换耐振压力表; (2)更换耐振压力表,或把压力表移到振动小的地方; (3)检查出漏气点并排除
3	压力表指针有跳动或呆滞现象	指针与表面玻璃或刻度盘相碰有摩擦	轻敲仪表,观察指针是否恢复正常;更换新压力表
4	压力表示值不准确	(1)指针打弯; (2)仪表测量误差增大; (3)导压管路有泄漏; 4)弹簧管损坏	(1)轻敲仪表,使指针恢复正常; (2)校验仪表,若不合格,更换新压力表; (3)找出泄漏点排除; (4)更换新压力表

二、压力变送器常见故障排查

压力变送器常见故障排查及处理方法如表1-2所示。

表1-2　压力变送器常见故障及处理方法

序号	故障	故障原因	处理方法
1	压力示值不稳	(1)压力源本身是一个不稳定的压力; (2)仪表或压力传感器抗干扰能力不强; (3)传感器接线不牢; (4)传感器本身振动很厉害; (5)变送器敏感部件隔离膜片变形、破损和漏油现象发生; (6)补偿板对壳体的绝缘电阻大; (7)变送器有泄漏; (8)引压管路泄漏或堵塞	(1)稳定压力源,更改压变阻尼参数; (2)紧固接地线; (3)紧固传感器接线; (4)固定变送器; (5)更换传感器; (6)减小绝缘电阻; (7)检查出泄露部位并排除; (8)清洗疏通引压管路,排除漏点
2	变送器接电无显示	(1)接错线; (2)导线本身的断路或短路; (3)电源无输出或电源不匹配; (4)变送器损坏	(1)正确接线; (2)检查断路或短路点并排除; (3)检测电源电压; (4)更换变送器
3	变送器接电有显示无输出	(1)接错线; (2)信号线本身的断路或短路; 3)传感器损坏; (4)SCADA系统设置错误	(1)正确接线; (2)检查断路或短路点并排除; (3)更换传感器; (4)重新修正SCADA系统参数
4	显示值不准确	(1)感压膜片损坏; (2)传感器组件损坏; (3)电子线路损坏	(1)校准压力变送器; (2)更换新压力变送器

【职业技能】

工作任务1　就地压力仪表的更换

在日常巡检中发现就地弹簧管压力表损坏,为了保证生产正常运行,需要及时更换新的或者校验合格的压力表。带二阀组的弹簧管压力表如图1-21所示。就地压力仪表的更换步骤如下所述。

二阀组

图1-21　带二阀组的弹簧管压力表

一、穿戴劳保用品

去现场更换压力表前应正确佩戴安全帽、护目镜、胶皮手套、防静电服、防砸鞋等,如图1-22所示。

二、选择合适的工具、用具及配件

(1)选择合适的扳手:拆卸及安装压力表时使用。如24 mm防爆梅花扳手、32 mm防爆呆扳手、14 mm防爆扳手或合适的活动扳手。

(2)选择合适的螺丝刀:取仪表垫片、清理生料带使用。如150 mm×3 mm的螺丝刀。

(3)选择合适的用具:验漏壶、验漏液、毛巾、油性生料带、仪表垫片等。

(4)选择需要更换的压力表:应检查压力表量程是否符合工艺要求、刻度盘是否清晰、指针是否归零、铅封是否完好、年检日期是否过期、连接丝扣是否完好、外观是否良好。

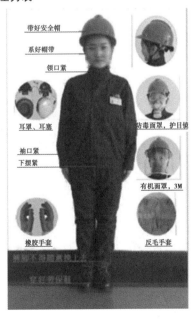

带好安全帽
系好帽带
领口紧
耳罩、耳塞
防毒面罩、护目镜
袖口紧
下摆紧
有机面罩,3M
橡胶手套
反毛手套

图1-22　劳保用品的穿戴

更换压力表相关工具如图1-23所示。

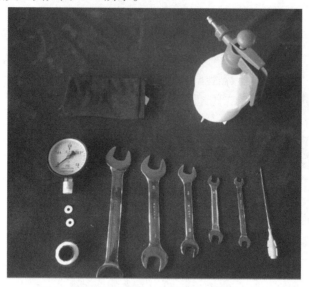

图1-23　更换压力表相关工具

三、检查现场环境及工艺运行状况

现场工况检查如图1-24所示。

图1-24　现场工况检查

(1)检查周围是否有燃气泄漏、易燃易爆危险物品。

(2)检查灭火器是否符合安全生产要求。

(3)检查二阀组的进气阀及放散阀是否处于正常启闭状态。

四、拆卸压力表

(1)关闭压力表二阀组的进气阀(逆开顺关),如图1-25所示。

(2)确保压力表二阀组的放散阀关闭,如图1-26所示。

图 1-25　关闭二阀组的进气阀

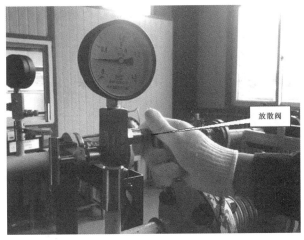

图 1-26　检查二阀组的放散阀是否关闭

（3）正确使用工具打开泄压丝堵，如图 1-27 所示。

（4）打开压力表二阀组的放散阀进行泄压，注意站位（站于排气方向侧面），如图 1-28 所示。

（5）观察压力表示数为 0 后，装回丝堵，如图 1-29 所示。

（6）正确使用工具拆卸压力表（呆扳手或活扳手应使拉力作用在开口较厚的一边），如图 1-30 所示。

（7）取出接口垫片并检查压力表接口垫片是否完好，若垫片损坏需更换新的垫片，如图 1-31 所示。

五、安装合格的压力表

（1）确认安装的压力表是合格的压力表，如图 1-32 所示。

（2）顺螺纹方向在压力表接口螺纹处缠适量油性生料带，顺螺纹方向进行缠绕，如图 1-33 所示。

图1-27 打开泄压丝堵

图1-28 打开二阀组的放散阀进行泄压

图1-29 泄压并装回丝堵

图 1-30　拆卸压力表

图 1-31　更换垫片

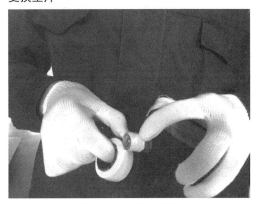

图 1-32　检查要更换的压力表是否合格　　　　图 1-33　缠绕生料带

（3）使用螺丝刀对压力表接口处的残余生料带进行清理,如图 1-34 所示。

（4）打开压力表二阀组的进气阀,快开快关三次,对压力表接口进行吹扫,如图 1-35 所示。

图 1-34　清理残余生料带

图 1-35　吹扫压力表接口

（5）正确使用工具安装压力表(呆扳手或活扳手应使拉力作用在开口较厚的一侧),如图 1-36 所示。

图 1-36　安装压力表

（6）确保压力表安装方向朝向巡检方向,如图 1-37 所示。

（7）清理多出部分生料带,如图 1-38 所示。

图 1-37　调整压力表朝向

图 1-38　清理生料带

六、验漏、恢复正常

(1)缓慢打开压力表二阀组的进气阀,利用验漏壶进行验漏,如图 1-39 所示。

(2)无漏点拿毛巾擦拭干净;有漏点重新进行更换。

(3)观察压力表与现场压力变送器的示数对比,保证其一致。

七、现场清理

(1)收拾好工具、用具等。

(2)进行现场清理工作。

八、注意事项

(1)压力表二阀组的进气阀和放散阀要分清楚,正确操作,避免操作失误导致的带压更换。

(2)更换完成后要进行验漏,验漏合格后即可。

图 1-39　压力表验漏

工作任务 2　压力变送器的更换

一、更换准备工作

（一）劳保用品的准备

应正确穿戴好安全帽、防护服、防砸鞋、护目镜（戴眼镜者可不用带护目镜）、电工手套等。

（二）选择合适的工具及用具

（1）选择合适的扳手：拆卸及安装压力表时使用。如 24 mm 防爆梅花扳手、32 mm 防爆呆扳手、14 mm 防爆扳手或合适的活动扳手。

（2）选择合适的螺丝刀：取仪表垫片、清理生料带使用。如 150 mm × 3 mm 的螺丝刀。

（3）选择合适的用具：验漏壶、验漏液、毛巾、油性生料带、仪表垫片等。

（4）选择需要更换的经校验合格的压力变送器：应检查压力变送器量程是否符合工艺要求，连接丝扣是否完好，外观是否良好。

（三）检查现场环境及工艺运行状况

（1）检查周围是否有燃气泄漏、易燃易爆危险物品。

（2）检查灭火器是否符合安全生产要求。

（3）检查二阀组的进气阀及放散阀是否处于正常启闭状态。

二、拆卸压力变送器

（1）关闭压力变送器二阀组的进气阀（逆开顺关），如图 1-40 所示。

（2）确保压力变送器二阀组的放散阀关闭。

（3）正确使用工具打开泄压丝堵，如图 1-41 所示。

图 1-40　关闭进气阀

图 1-41　拆卸丝堵

（4）打开压力变送器二阀组的放散阀进行泄压,注意站位,如图1-42所示。

（5）观察压力变送器示数为0后,装回丝堵。

（6）从控制柜找到该变送器对应的出线端子并将其断开,如图1-43所示。

图1-42　打开放散阀进行泄压　　　　　图1-43　断开控制柜对应端子

（7）打开压力变送器后盖,拆除压力变送器正负极接线,并用绝缘胶带保护好信号线,保证不裸露,如图1-44所示。注:拆除其中一根后应立即缠绕绝缘胶带。

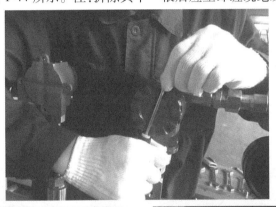

图1-44　拆除压力变送器接线

（8）正确使用工具拆除挠性防爆管与压力变送器的连接,如图1-45所示。

（9）正确使用工具拆卸压力变送器,使用两个扳手,不可使用一个扳手(呆扳手或活扳手应使拉力作用在开口较厚的一边),如图1-46所示。

图1-45　拆除压力变送器挠性防爆管　　图1-46　拆除压力变送器

（10）取出接口垫片并检查压力变送器接口垫片是否完好,若垫片损坏需更换新的垫片。

三、安装压力变送器

（1）确认需要安装的压力变送器是否为已经更换或者校验合格的压力变送器。

（2）顺螺纹方向在压力变送器接口螺纹处缠适量油性生料带,如图1-47所示。注:一定要顺螺纹方向缠绕,否则容易挤成一团。

（3）使用螺丝刀对压力变送器接口处的残余生料带进行清理,如图1-48所示。

图1-47　缠绕生料带　　　　　　图1-48　清除残余生料带

（4）打开压力变送器二阀组的进气阀,快开快关三次,对压力变送器接口进行吹扫。

（5）正确使用工具安装压力变送器,紧固时要用两个扳手,不可用一个扳手直接紧固(呆扳手或活扳手应使拉力作用在开口较厚的一边)。

（6）确保压力变送器安装方向朝向巡检方向。

（7）清理多出部分生料带。

（8）将电缆插入压力变送器电缆接口,安装电缆防爆接头与挠性防爆管,如图1-49所示。

（9）准确地将正负两根导线接到对应端子处,盖好压力变送器后盖,如图1-50所示。

图1-49　连接挠性防爆管

图1-50　压力变送器接线

四、验漏、恢复正常

（1）缓慢打开进气阀,并对气路连接部位进行验漏,如图1-51所示。

（2）无漏点拿毛巾擦拭干净;有漏点重新进行更换。

（3）确认无泄漏后,从控制柜给压力变送器送电。

（4）观察压力变送器示数,并与就地压力仪表、上位机压力显示进行对照,观察其示数是否一致(在合理范围内)。

五、现场清理

（1）收拾好工具、用具等。

（2）进行现场清理工作。

图1-51　压力变送器验漏

六、注意事项

（1）压力变送器二阀组的进气阀和放散阀要分清楚,正确操作,避免操作失误导致的带压更换。

（2）要注意合理断电、送电,避免带电操作。

(3)更换完成后要进行验漏,验漏合格后即可。

工作任务3 压力变送器的数据反馈

本工作任务完成对现场压力变送器的数据采集,并将压力通过上位机软件显示出来。完成本工作任务需要准备以下硬件与软件:

(1)硬件:①两线制压力变送器一个;②西门子 S7 - 300PLC(PS、CPU、DI、DO、AI、AO);③电脑一台;④西门子 S7 - 300 编程电缆(USB 接口);⑤导线若干。

(2)软件及版本号:①STEP7 V5.0;②组态王6.55。

一、硬件连接

(1)将 PLC 的各个模块依次安装在机架上。

(2)给电源模块提供 AC 220 V 的电源,将火线连接到 L,零线连接到 N。

(3)用电源模块输出的 DC 24 V 分别给 CPU、DI、DO、AI、AO 等模块提供电源

(4)正确连接编程电缆。

(5)将两线制压力变送器连接到 AI 模块的第一组端口(2,3)上。

AI 模块接线图如图 1-52 所示。

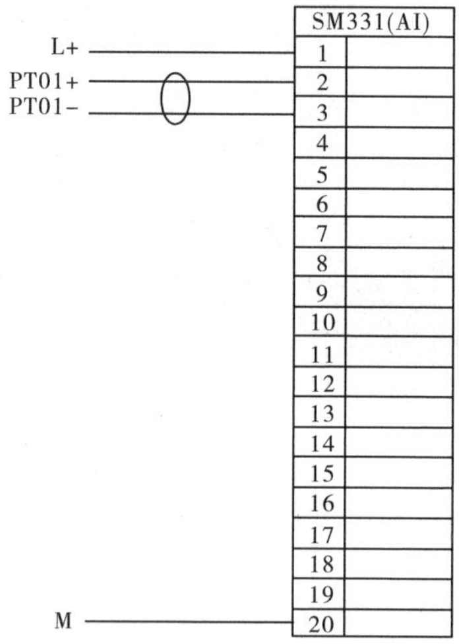

图 1-52   AI 模块接线图

二、PLC 编程

(一)通信设置

(1)双击电脑桌面上的"SIMATIC Manager"图标,进入西门子 S7 - 300 的编程软件。

(2)点击软件菜单栏的"选项"→"设置 PG/PC 接口",如图 1-53 所示。

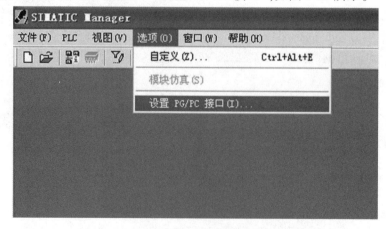

图 1-53   通信设置(1)

（3）选择"PC Adapter(MPI)"，点击"确定"，如图 1-54 所示。

图 1-54　通信设置（2）

（二）新建项目

（1）双击电脑桌面上的"SIMATIC Manager"图标，进入西门子 S7 – 300 的编程软件。

（2）点击软件菜单栏的"文件"→"新建"，如图 1-55 所示。

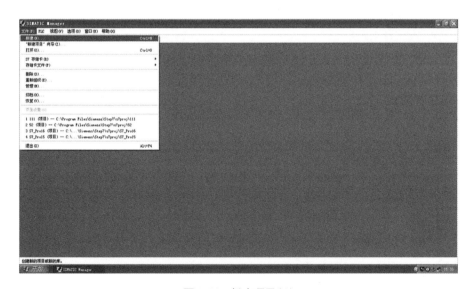

图 1-55　新建项目（1）

（3）在弹出的"新建项目"对话框中，"名称"处填写本项目的名称，并设置本项目的"存储位置(路径)"，点击"确定"，如图 1-56 所示。

（三）硬件配置

（1）进入本项目的编辑界面，右键点击项目名称"Num 1"，依次选择"插入新对象"→"SIMATIC 300 站点"，如图 1-57 所示。

（2）站点建立好以后，双击本站点的"硬件"进入"HW Config"界面，即硬件配置界面，如图 1-58 所示。

图 1-56　新建项目(2)

图 1-57　硬件配置(1)

图 1-58　硬件配置(2)

(3)从右侧的选项"SIMATIC 300"中,依次选择"RACK - 300"→"Rail",将此机架拖

入左侧空白区域,如图 1-59 所示。

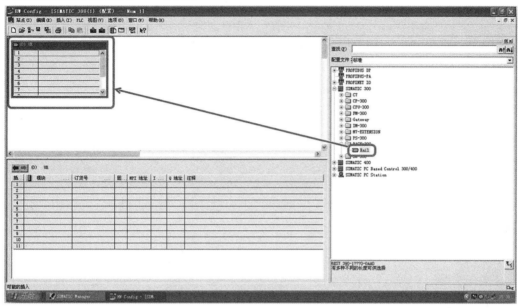

图 1-59 硬件配置(3)

(4)根据 PLC 各个模块的型号与订货号,按照实际情况依次添加进这个机架。

以电源模块为例:首先,查看 PS 模块的订货号。然后,从右侧的选项"SIMATIC 300"中,选择电源模块"PS",找到型号和订货号均与所选一致的模块,并双击将其添加进机架,如图 1-60 所示。

图 1-60 硬件配置(4)

用同样的方法将 DI、DO、AI、AO 模块添加进机架,并且保证型号和订货号均与所选模块一致。添加完毕后如图1-61所示。

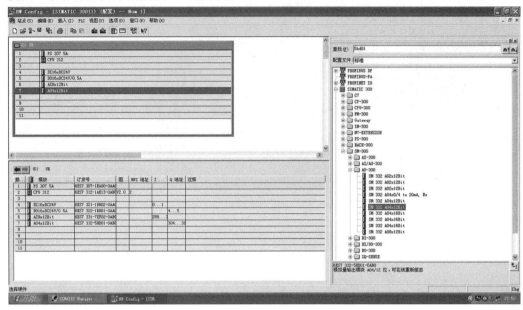

图1-61　硬件配置(5)

　　(5)由于压力变送器采用两线制接线,压力变送器的电源由PLC提供。需要对AI模块进行设置:双击AI模块,在"属性"对话框中选择"输入",并将"测量型号"修改为"2DMU",即两线制电流。选择好后,单击"确定",如图1-62所示。

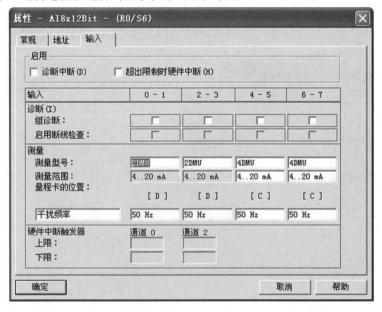

图1-62　硬件配置(6)

　　(6)编辑完成后,先点击"保存编译"按键,在确保PLC已送电且编程电缆连接无误的情况下按下"下载"按键,如图1-63所示。根据提示操作,完成硬件配置下载。

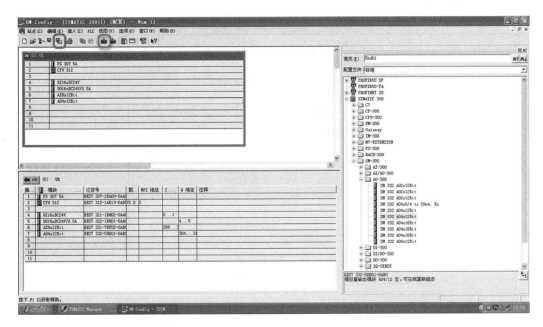

图 1-63　硬件配置(7)

(四)编写梯形图

(1)依次点开"SIMATIC 300(1)"→"CPU 312"→"S7 程序(1)"→"块",如图 1-64 所示,双击主程序图标"OB1",在弹出的"属性－组织块"对话框(见图 1-65)中选择"创建语言"为"LAD",点击"确定"进入主程序编辑界面。

图 1-64　编写梯形图(1)

(2)编辑如图 1-66 所示的程序段,将温度变送器对应的 PIW288 中的数据存入 MW2,以方便组态王使用此数据。

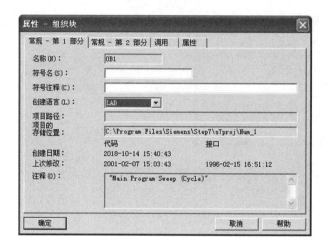

图 1-65　编写梯形图（2）

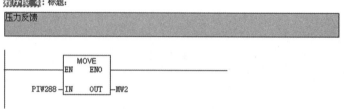

图 1-66　编写梯形图（3）

（3）编辑好程序后，单击"下载"按钮，将程序下载进 PLC，如图 1-67 所示。

图 1-67　编写梯形图（4）

三、组态编程

（一）新建项目

（1）双击电脑桌面上的"组态王"图标，进入上位机组态软件。

（2）点击"工程管理器"界面中的"新建"按钮（见图 1-68），新建一个工程。

（3）根据提示依次填写"工程所在路径"和"工程名称"，如图 1-69、图 1-70 所示。

（4）双击新建好的工程，进入"工程浏览器"（见图 1-71），开始编辑本工程。

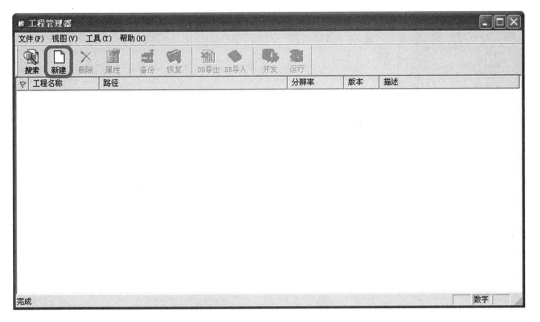

图 1-68 新建项目(1)

图 1-69 新建项目(2)

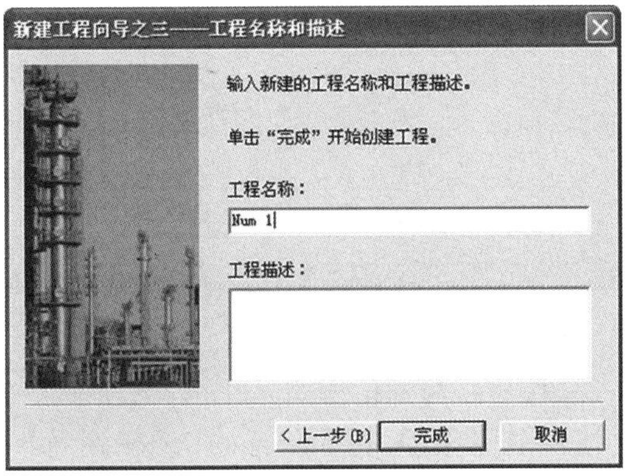

图 1-70 新建项目(3)

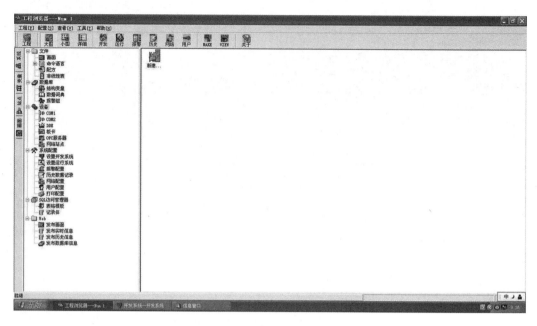

图 1-71　新建项目(4)

（二）通信设置

（1）选择"设备"，双击"新建"，如图 1-72 所示。

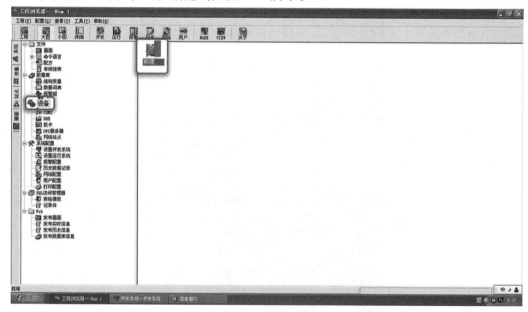

图 1-72　通信设置(1)

（2）根据提示选择对应的 PLC 与通信方式，如图 1-73 所示。

（3）根据提示依次按照软件默认填写设备的"逻辑名称""串口号"，如图 1-74、图 1-75 所示。

图 1-73 通信设置(2)

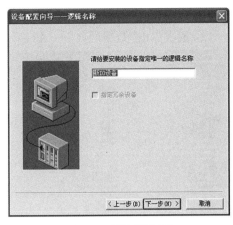

图 1-74 通信设置(3)

(4)设备地址设置为"2.2",其中小数点前为 MPI 通信地址,小数点后为 MPI 设备(所使用的通信模块或 CPU 模块)的槽号,一般 PLC 默认的地址为2,槽号为2,组态王设备地址定义为2.2,如图 1-76 所示。

(5)按照软件默认设置通信参数,点击"下一步",出现"信息总结"窗口,完成与设备的通信设置,如图 1-77 所示。

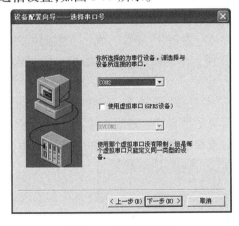

图 1-75 通信设置(4)

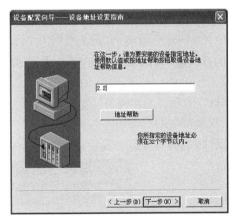

图 1-76 通信设置(5)

图 1-77 通信设置(6)

(三)编写数据词典

(1)依次点击"数据词典"→"新建",开始添加变量,如图 1-78 所示。

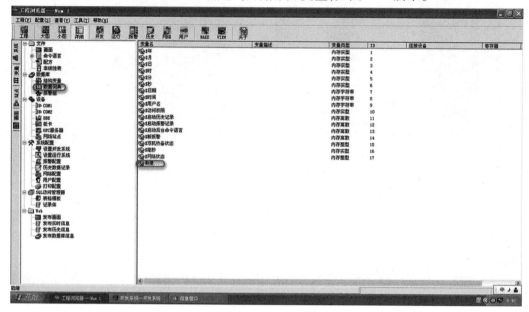

图 1-78　编写数据词典(1)

(2)新建变量名为"压力反馈",选择"变量类型"为"I/O 实数",表示本数据可以以小数的方式显示出来;设定其"最小值""最大值"分别为变送器实际量程的最小值、最大值;"最小原始值"与"最大原始值"表示 PLC 内部反馈数据的最小值与最大值,分别为 0 和 27648。然后,"连接设备"选择已新建好的设备;"寄存器"选择 M 寄存区,起始地址为 2;"数据类型"选择 SHORT 或者 USHURT,表示数据类型为有符号整型或者无符号整型。"读写属性"选择"只读"。设置完成后点击"确定",该变量新建完毕。结果如图 1-79 所示。

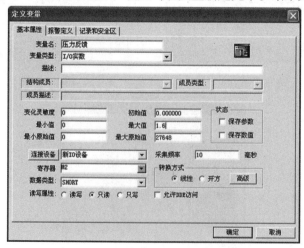

图 1-79　编写数据词典(2)

（四）画面组态

（1）选择"画面"，双击"新建"，如图 1-80 所示。

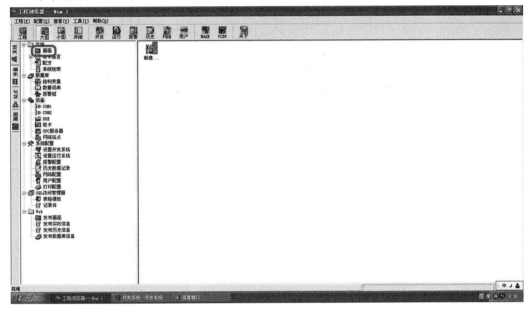

图 1-80　画面组态（1）

（2）根据提示输入画面名称，利用工具箱里的文本工具，在画面上分别写出两个文本"#.##"和"MPa"，并用圆角矩形工具画出一个背景图框，置于#.##文本的底层，如图 1-81 所示。

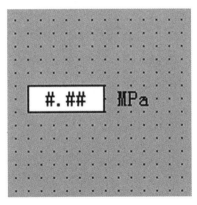

图 1-81　画面组态（2）

（五）数据连接

双击画面中的"#.##"，在"动画连接"对话框中选择"模拟值输出"（见图 1-82）。将弹出如图 1-83 所示对话框，点击"？"，选择变量"压力反馈"，根据需要调整输出格式。完成后点击"确定"即可。

（六）运行调试

单击右键选择"切换到 View"，将进入组态运行界面，依次点击菜单栏的"画面"→"打开"，在对话框中选择已编辑的画面名称，观察数据显示是否正常。

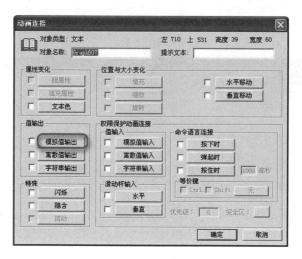

图 1-82　数据连接(1)

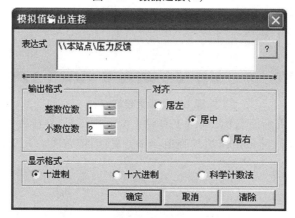

图 1-83　数据连接(2)

第二章　温度检测仪表

温度表是一种运用不同原理来测量物体(或空间)温度或温度梯度的器具。常见的有指针双金属温度计,带有表盘,可以直接测量气体、液体和蒸汽。其广泛用于机械、造船、石油、化工、冶金、电力、轻工业等研究部门。

第一节　温度检测仪表基础知识

常用温度检测仪表与压力仪表相同,主要分为两大类:一类为就地,另一类为远传。

一、就地温度仪表

(一)双金属温度计

双金属温度计是一种测量中低温度的现场检测仪表。其外观如图 2-1 所示。可以直接测量 –80 ～ +500 ℃范围内液体蒸汽和气体介质温度。工业用双金属温度计的主要元件是一个用两种或多种金属片叠压在一起组成的多层金属片,是利用两种不同金属在温度改变时膨胀程度不同的原理工作的。由基于绕制成环性弯曲状的双金属片组成。一端受热膨胀时,带动指针旋转,工作仪表便显示出热电势所对应的温度值。

图 2-1　双金属温度计的外观

图 2-2 所示为双金属温度计的工作原理,其中金属 A 与金属 B 为两种膨胀系数差别很大的材料。将二者焊接在一起并升温,此时由于金属 A 的热膨胀系数低于金属 B 的热膨胀系数,金属 A 体积基本保持不变,而金属 B 的体积膨胀很大,致使整体发生弯曲。

为了提高灵敏度,将双金属片制成多圈螺旋形(见图 2-3),一端固定,另一端(自由端)连接在芯轴上,轴向型双温指针直接装在芯轴上,径向型双温指针通过转角弹簧与芯轴连接。当温度变化时,感温元件自由端旋转,经芯轴传动指针在刻度盘上指示出被测介质温度的变化值。

(二)压力式温度计

压力式温度计是基于密闭测温系统内蒸发液体的饱和蒸汽压力和温度之间的变化关系,而进行温度测量的温度计。其外观如图 2-4 所示。

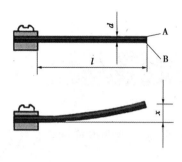

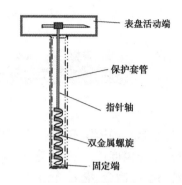

图 2-2 双金属温度计的工作原理示意图   图 2-3 双金属温度计的工作原理示意图

图 2-4 压力式温度计的外观

压力式温度计的工作原理是:当温包感受到温度变化时,密闭系统内饱和蒸汽产生相应的压力,引起弹性元件曲率的变化,使其自由端产生位移,再由齿轮放大机构把位移变为指示值,如图 2-5 所示。这种温度计具有温包体积小、反应速度快、灵敏度高、读数直观等特点,几乎集合了玻璃棒温度计、双金属温度计、气体压力温度计的所有优点,它可以制造成防震、防腐型,并且可以实现远传触点信号的一种机械式测温仪表。

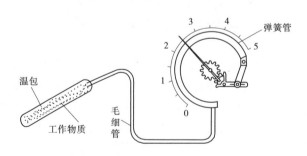

图 2-5 压力式温度计的内部结构

二、远传温度仪表

(一)热电阻

热电阻是中低温区最常用的一种温度检测元件。其外观如图 2-6 所示。热电阻是基于金属导体的电阻值随温度的增加而增加这一特性来进行温度测量的。

目前,由铂、铜等两种材料制成热电阻被广泛应用。铂电阻测温范围为 −200 ~ 500 ℃。铜电阻测温范围为 −50 ~ 150 ℃。常用热电阻的型号以及含义如图 2-7 所示。

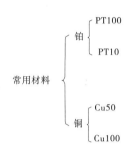

注:字母表示材质;数字表示零度的阻值。

图 2-6 热电阻的外观 　　　图 2-7 常用热电阻的型号以及含义

通常现在广泛使用的型号为 PT100 型热电阻,表 2-1 为 PT100 型热电阻的温度分布。

表 2-1 PT100 型热电阻温度分布

温度(℃)	0	1	2	3	4	5	6	7	8	9
电阻值(Ω)	100.00	100.39	100.78	101.17	101.56	101.95	102.34	102.73	103.13	103.51

从表 2-1 可以看出,PT100 型热电阻每升高 1 ℃,阻值大概增加 0.38 ~ 0.39 Ω,温度线性非常优良,所以被广泛应用。

(二)热电偶

热电偶(thermocouple)是温度测量仪表中常用的测温元件,它直接测量温度,并把温度信号转换成热电动势信号,通过电气仪表(二次仪表)转换成被测介质的温度。

热电偶测温的基本原理是两种不同成分的材质导体(称为热电偶丝材或热电极)组成闭合回路,当接合点两端的温度不同,存在温度梯度时,回路中就会有电流通过,如图 2-8 所示。此时,两端之间就存在电动势——热电动势,这就是所谓的塞贝克效应。两种不同成分的均质导体为热电极,温度较高的一端为工作端(也称为测量端),温度较低的一端为自由端(也称为参考端),自由端通常处于某个恒定的温度

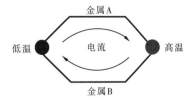

图 2-8 热电偶的测温原理图

下,如图2-9所示。根据热电动势与温度的函数关系,制成热电偶分度表。分度表是自由端温度在零摄氏度时的条件下得到的,不同的热电偶具有不同的分度表。

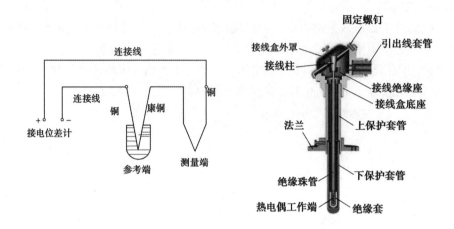

图2-9 热电偶的工作原理图以及结构图

目前,热电偶的分类比较多,常用的型号有K、E、J、T、S、R、B等。表2-2为各型号热电偶测温范围。

表2-2 常用热电偶各型号测温范围

温度检测元件名称	分度号	测量范围(℃)	温度检测元件名称	分度号	测量范围(℃)
铂热电阻 $R_0 = 100\ \Omega$	PT100	-200~650	铜-康铜热电偶	T	-200~350
镍铬-镍硅热电偶	K	0~1 000	铂铑10-铂热电偶	S	0~1 300
镍铬-康铜热电偶	E	0~750	铂铑13-铂热电偶	R	0~1 300
铁-康铜热电偶	J	0~600	铂铑30-铂铑6热电偶	B	0~1 600

(三)温度变送器

温度变送器采用热电阻、热电偶作为测温元件,从测温元件输出信号送到变送器模块,经过稳压滤波、运算放大、非线性校正、V/I转换、恒流及反向保护等电路处理后,转换成与温度呈线性关系的4~20 mA电流信号输出。

温度变送器的外观、结构组成及工作结构如图2-10~图2-12所示。

温度变送器数据反馈流程:由温度变送器感温元件热电阻/热电偶采集温度形成电阻/电动势的变化量,由变送模块电路将变化量转化为4~20 mA的标准信号传送到PLC的模拟量输入模块,通过上位机组态编程,将现场温度数据进行显示。

图2-10 温度变送器的外观

双金属温度计及温度变送器在现场安装时需要安装的保护套管(见图2-13),一方面

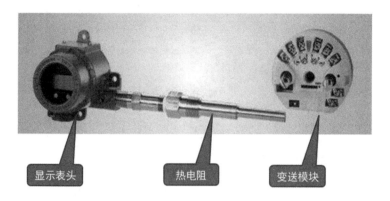

显示表头 热电阻 变送模块

图 2-11 温度变送器的结构组成

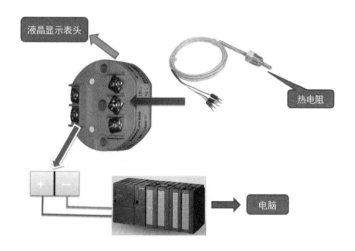

液晶显示表头 热电阻 电脑

图 2-12 温度变送器的工作结构

保护温度仪表的测温元件不被流体磨损,另一方面可以在更换温度仪表时无须停气。

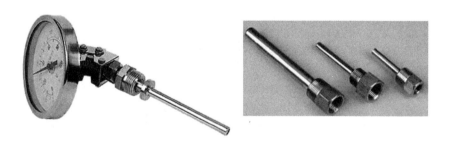

图 2-13 温度仪表保护套管

(1)套管插入并焊接在设备上,如图 2-14 所示。

(2)套管用螺纹连接到仪表管嘴上,如图 2-15 所示。

图 2-14 直接焊接型保护套管

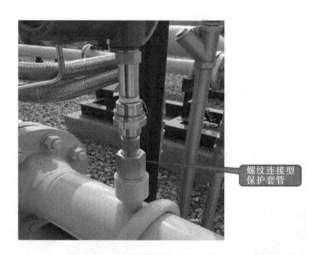

螺纹连接型
保护套管

图 2-15 螺纹连接型保护套管

第二节 温度检测仪表常见故障以及排查

一、就地温度仪表常见故障排查

就地温度仪表常见故障及处理方法见表 2-3。

表 2-3 就地温度仪表常见故障及处理方法

序号	故障	故障原因	处理方法
1	指针回转呆滞或跳动	(1)传动件的配合间隙过小,传动不灵活 (2)传动件间活动部位有积污,传动不灵活 (3)自由端与连杆连接不灵活 (4)指针与表盘有摩擦	轻敲仪表,使指针恢复正常;更换新温度表
2	温度表误差超过允许值	(1)温度计测量端没有与被测介质(套管)充分接触; (2)传动机构的紧固螺钉松动; (3)感温元件产生永久变形; (4)套管内有杂物	(1)填充导热油/粉(如变压器油); (2)拧紧紧固螺钉; (3)更换新温度表; (4)将杂物清除干净

二、温度变送器常见故障排查

温度变送器常见故障及处理方法见表2-4。

表 2-4 温度变送器常见故障及处理方法

序号	故障	故障原因	处理方法
1	显示值比实际值低或不稳定	(1)保护管内有金属屑、灰尘、水滴等; (2)接线柱间脏污及热电阻短路	(1)除去金属屑,清扫灰尘、水滴等; (2)找到短路处清理干净或吹干;加强绝缘
2	显示仪表指示无穷大	(1)热电阻或引出线断路; (2)接线端子松开	(1)更换热电阻; (2)拧紧接线螺丝
3	示值误差变大	热电阻丝材料受腐蚀变质	更换热电阻
4	仪表指示负值	(1)仪表与热电阻接线有错; (2)热电阻有短路现象	(1)改正接线; (2)找出短路处,加强绝缘

【职业技能】

工作任务4 就地温度仪表的更换

(1)拆下温度计前,为确保不会影响正常生产,应与调度联系说明情况,得到同意后方可进行工作。

(2)确认周围环境不存在危险因素(如天然气泄漏),选择两个合适的防爆扳手进行拆卸,其中一个用来固定保护套管,另外一个进行拆卸仪表。

(3)拆下后用干净的布或其他物品将仪表套管接口封盖住以免杂物落入。

(4)温度计套管中加注适量导热油(特殊工艺要求)。

(5)安装双金属温度计,注意不得拧表头。

(6)观察温度计工作情况是否正常。

工作任务5 温度变送器的更换

（1）拆下温度计前，为确保不会影响正常生产，应与调度联系说明情况，得到同意后方可进行工作。

（2）确认周围环境不存在危险因素（如天然气泄漏）。

（3）在控制柜中找到该变送器对应的出线端子并将其断开。

（4）打开变送器后盖，拆除变送器正极、负极接线，并用绝缘胶带保护好信号线，保证不裸露。

（5）正确使用工具拆除挠性防爆管与电缆接头的连接。

（6）正确使用工具拆除电缆接头与变送器的连接。

（7）正确使用工具拆除变送器，拆除时要用两个扳手，不可用一个扳手直接拆除。其中一个用来固定保护套管，另外一个进行拆卸仪表，拆下后用干净的布或其他物品将仪表套管接口封盖住以免杂物落入。

（8）确认需要安装的温度变送器是否为已经更换或者校验合格的温度变送器。

（9）正确使用工具安装变送器，紧固时要用两个扳手，不可用一个扳手直接紧固；变送器朝向巡检方向。

（10）将电缆插入变送器电缆接口，安装电缆防爆接头与挠性防爆管。

（11）准确地将正负两根导线接到对应端子处，盖好变送器后盖，观察变送器示数，并与就地温度仪表、上位机温度显示进行对照，观察其示数是否一致（在合理范围内）。

（12）工具设备整理，打扫现场。

工作任务6 温度变送器的数据反馈

（1）硬件接线。打开温度变送器后盖，按照接线柱表示，分别从正极、负极引线，通过一系列端子最终接入 S7300 控制系统 AI 模块（2号、3号）接线柱上，如图2-16所示。

图2-16 温度变送器硬件接线

（2）PLC 硬件组态（与压力变送器硬件组态相同）如图 2-17 所示。

图 2-17　PLC 硬件组态

（3）设置通道量程（2 号、3 号接线柱）为 4 ~ 20 mA 两线制，如图 2-18 所示。

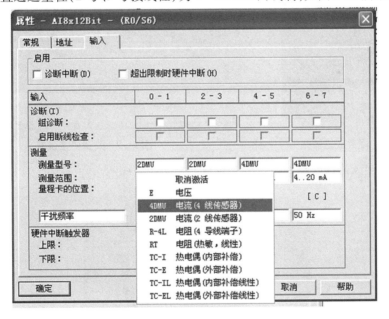

图 2-18　硬件通道量程设置

（4）程序编写，如图 2-19 所示。

参照第 1 章工作任务 3"压力变送器的数据反馈"，温度变送器连接通道为 2、3，则默认硬件地址为 PIW288，使用 MOVE 指令将数据存储在 MW2 寄存器，组态软件的建立工程、硬件连接等也参考此工作任务。

（5）上位组态软件设置。从图 2-20 所示铭牌观察，此温度变送器感温元件为 PT100 型热电阻，量程为 − 50 ~ 450 ℃，输出电流为 4 ~ 20 mA。所以，组态数据变量设置中，最

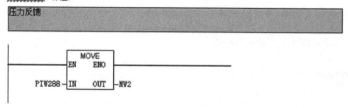

图 2-19　温度变送器数据反馈程序

小值为 −50,最大值为 450,见图 2-21。

图 2-20　温度变送器铭牌

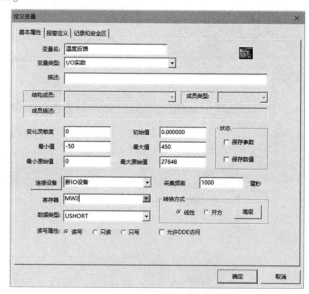

图 2-21　数据变量设置

(6)开发组态画面。温度变送器数据反馈组态画面如图 2-22 所示。

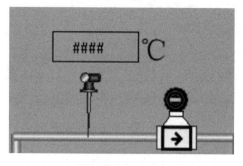

图 2-22　温度变送器数据反馈组态画面

(7)添加变量。数据变量添加如图 2-23 所示。

(8)数据显示。温度变送器数据反馈显示如图 2-24 所示。

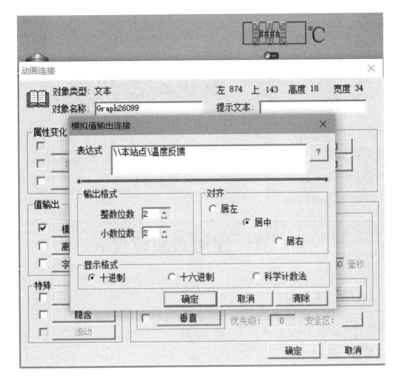

图 2-23 数据变量添加

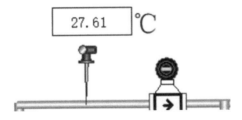

图 2-24 温度变送器数据反馈显示

第三章　液位检测仪表

　　液位计用来测量容器里液位的高度,液位测量的目的是监视容器内液位,确保对容器内液位允许的上下限发出报警,或对容器的液位平衡进行调节。因此,液位测量在工业生产自动化中具有重要的地位。

第一节　连通式液位仪表

一、玻璃板(管)液位计

　　玻璃管液位计(见图3-1)结构简单,液位接线十分明显,便于观测,操作方便。

(一)结构原理

　　通过法兰与容器连接构成连通器,根据连通原理,透过玻璃板可直接读得容器内液位的高度。

　　在上下阀内装有钢球,当玻璃意外破裂时,钢球在容器内压力的作用下自动密封阻塞通道,防止容器内的介质继续外流。

(二)特点及适用场合

　　优点:读数清晰、直观、可靠,结构简单、维修方便。

　　缺点:易碎、不耐压,使用温度低。

(三)日常使用及巡检注意事项

　　(1)不可撞击或敲打,以防零件破损。

　　(2)定期清洗玻璃管内、外壁污垢,以保持液位显示清晰。清洗程序:先关闭与容器连接的上、下阀门,打开排污阀,放净玻璃管残液,使用适当清洗剂或采用长杆毛刷拉擦方法,清除管内壁污垢。

　　(3)如果玻璃管破裂需要更换,则要注意拆卸和安装,当安装好后要试验是否会出现渗漏,只有不出现渗漏的情况才可投入使用。

　　(4)在使用时要时常检修维护,以免生锈腐蚀导致渗漏,同时要做好使用记录和维修记录。

图3-1　玻璃管液位计

二、磁翻板液位计

磁翻板液位计可用于各种塔、罐、槽、球形容器和锅炉等设备的介质液位检测。根据测量方式的不同,磁翻板液位计可分为侧装式和顶装式,如图 3-2 所示。

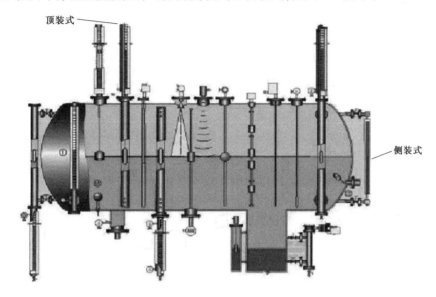

图 3-2　磁翻板液位计安装方式

(一)结构

以侧装式磁翻板液位计为例,其结构如图 3-3 所示。

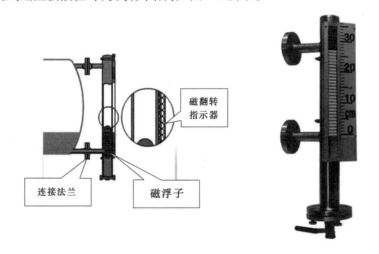

图 3-3　磁翻板液位计的结构

(二)工作原理

磁翻板液位计的工作原理如图 3-4 所示。

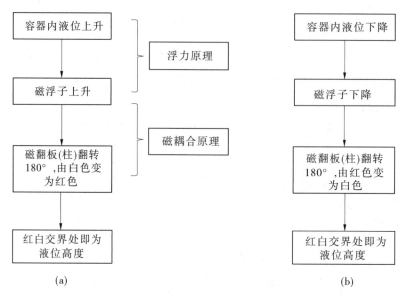

图 3-4　磁翻板液位计的工作原理

（三）报警与远传功能

磁翻板液位计除现场指示外,还可配报警开关、远传变送器等。

1. 报警开关（实现上下限报警）

思考:磁翻板液位计的液位上下限通过磁浮子来体现。有没有一种开关,受磁浮子的影响,当磁浮子达到设定液位上限时,开关闭合,实现上限报警? 当磁浮子达到液位下限时,开关闭合,实现下限报警?

接下来给大家介绍一种磁性开关,如图 3-5 所示。

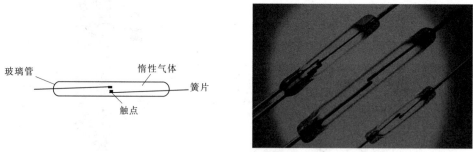

图 3-5　干簧管的外观及内部结构

干簧管又称磁簧开关,是一种磁敏的特殊开关。

正常时,两个簧片不接触;当通过永久磁铁或外在磁场时,两个簧片接触,导通电路。我们可以利用干簧管的特性来实现上、下限报警(见图 3-6)。

2. 远传变送器（实现数据远传）

如图 3-7 所示,测量杆中每隔一定距离安装一个干簧管,由它检测磁翻板浮子的位置。当浮子随液位的升降沿测量杆上下运动时,通过磁性的作用,使干簧管开关吸合或者断开,从而使测量杆中电子线路的电阻增加或减小,这一电阻的变化再由变送器的电子线

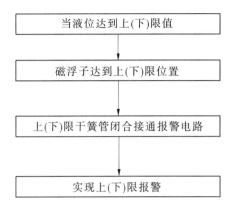

当液位达到上(下)限值

↓

磁浮子达到上(下)限位置

↓

上(下)限干簧管闭合接通报警电路

↓

实现上(下)限报警

图3-6　干簧管实现上、下限报警特性

路转换成4~20 mA(或者1~5 V)标准信号,供现场液晶表头指示同时输给控制室二次仪表。

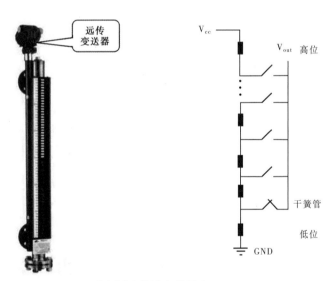

图3-7　磁翻板液位计变送原理

(四)特点及适用场合

(1)液体介质与指示器完全隔离,在任何情况下都非常安全、可靠、耐用,而且各种型号的液位计配上液位报警、控制开关,可实现液位或界位的上下限越位报警、控制或连锁。

(2)翻板容易卡死,造成无法远传指示。磁性材料如退磁易导致液位计不能正常工作。

(3)适用于石油、化工等工业中低温到高温、真空到高压等各种环境。

(五)磁翻板液位计的常见故障分析及采取措施

磁翻板液位计的常见故障分析见表3-1。

表 3-1　磁翻板液位计的常见故障分析

故障现象	原因分析	采取措施
实际液位变化,但显示板上的翻柱指示液位固定不变	浮子被异物卡在主体管中	打开主体管法兰,取出浮子清洗或更换
	浮子过压或受撞击变形卡住	
液位上下浮动,有时突然升高,然后恢复正常	介质有气泡上升冲击浮子	须解决气泡问题或更换合适仪表选型
显示板显示液位与实际值之间存在着固定差值	浮子装反	重新正确安装浮子
	显示板松动移位	重新按照上下接管位置固定显示板
	介质密度与订货不符	更换合适密度浮子
出现个别小磁珠不翻转	翻柱转轴有杂物阻碍	取出磁珠,清理检查
	磁珠消磁	更换磁珠

第二节　压力式液位仪表

一、差压式液位计

差压式液位计是利用容器内的液位改变时由液柱产生的静压也发生相应变化的原理来工作的。差压式液位计的工作原理如图 3-8 所示。

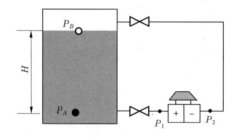

图 3-8　差压式液位计的工作原理

$$\Delta P = \rho g H \tag{3-1}$$

式中,ΔP 为 A、B 两点的压差;H 为液位高度;ρ 为介质密度;g 为重力加速度。

通常被测介质的密度是已知的,由式(3-1)可知,A、B 两点之间的压差与液位高度成正比,这样就把测量液位高度的问题转换为测量差压的问题。因此,各种压力计、差压计和差压变送器都可以用来测量液位高度。

测量敞口容器的液位时,因为气相压力为大气压力,差压计的负压室通大气即可,这时作用在正压室的压力就是液位高度所产生的静压力,此时也可用压力计或压力变送器来测量液位。

采用差压式液位计测量液位时,由于安装位置不同,一般情况下均会存在零点迁移的问题,有无迁移、正迁移和负迁移3种情况。

(一)仪表零点

仪表的零点,是指仪表测量范围的下限(仪表在其特定精度下所能测出的最小值)。

当对仪表的指示值有怀疑时,就需要对仪表进行检查,最常用的方法就是先检查仪表的零点是否正确,这是关系到测量是否准确的最基本的因素,往往就是忽略了这最基本的问题,导致了小问题、大处理的结果。

(二)零点迁移

零点迁移的定义如图3-9所示。

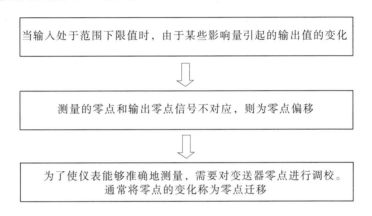

图 3-9 零点迁移的定义

注:零点迁移只改变零点,不改变量程。

1.无迁移

图3-8所示的差压式液位计液位的测量就属于无迁移的情况。

以差压式液位计对应的量程为 $0 \sim 30$ kPa,对应的标准电信号为 $4 \sim 20$ mA 为例,当液位高度 $H = 0$ 时,差压 $\Delta P = 0$,差压式液位计未受任何附加静压;差压式液位计显示0,对应的标准电信号是 4 mA;当 $H = H_{max}$ 时,$\Delta P = \rho g H_{max}$,差压式液位计显示 30 kPa,对应的标准电信号是 20 mA。这说明差式压液位计无需迁移,如图3-10所示。

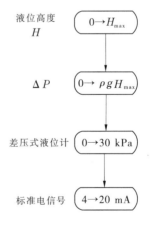

图 3-10 差压式液位计
无迁移的对应关系

2.正迁移

在实际安装差压变送器时,往往不能保证变送器和零液位在同一水平面上,如图3-11所示为产生正迁移的情况。

正迁移即液位的读数比实际读数要高(大)一个固定的数值,需要进行调校。

1)正迁移示意图

以差压式液位计对应的量程为 $0 \sim 30$ kPa,对应的标准电信号为 $4 \sim 20$ mA 为例。设

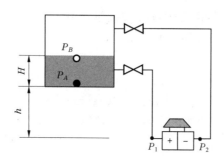

$\Delta P = \rho g h + \rho g H$（变送器低于液位零点,需零点正迁移）

图 3-11　正迁移示意图

连接负压室与容器上部取压点的引压管中充满气体,并忽略气体产生的静压力。当液位高度 $H = 0$ 时,差压 $\Delta P = \rho g h$,差压式液位计受到一个附加正压差作用;差压式液位计显示大于 0,对应的标准电信号大于 4 mA;当 $H = H_{max}$ 时,$\Delta P = \rho g h + \rho g H_{max}$,差压式液位计显示大于 30 kPa,对应的标准电信号大于 20 mA。就须设法消去 $\rho g h$ 的作用,由于 $\rho g h > 0$,故需正迁移,如图 3-12 所示。

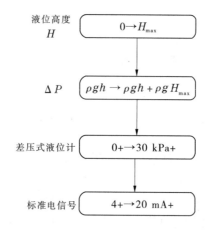

图 3-12　差压式液位计正迁移的对应关系

2) 正迁移的调校

调校时,正压室接输入信号,负压室通大气。假设仪表量程仍为 30 kPa,迁移量 $\rho g h = 30$ kPa。输入与输出的关系见表 3-2。

表 3-2　正迁移输入与输出对应表

量程(%)	0	25	50	75	100
输入(kPa)	30	37.5	45	52.5	60
输出(mA)	4	8	12	16	20

如果现场所选用的差压变送器属智能型,能够与 HART 手操器进行通信协议,可以直接用手操器对其进行调校。

3. 负迁移

当容器中液体上方空间的气体是可凝的,如水蒸气,为保持负压室所受的液柱高度恒定,或者被测介质有腐蚀性,常常在差压变送器正负压室与取压点之间分别装有隔离罐,并充以隔离液。设隔离液的密度为 ρ_0,如图3-13所示为产生负迁移的情况。

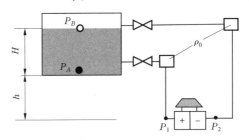

$\Delta P = \rho g H - \rho_0 g h$(变送器低于液位零点,

且导压管内有隔离液或冷凝液,需零点正迁移)

图 3-13 负迁移示意图

负迁移即液位的读数比实际读数要低(小)一个固定的数值,需要进行调校。

1)负迁移示意图

以差压式液位计对应的量程为 $0\sim30$ kPa,对应的标准电信号为 $4\sim20$ mA 为例。当液位高度 $H=0$ 时,差压 $\Delta P = -\rho_0 g h$,差压式变送器受到一个附加的差压作用;差压式液位计显示小于0,对应的标准电信号是小于4 mA;当 $H=H_{max}$ 时,$\Delta P = \rho g H_{max} - \rho_0 g h$,差压式液位计显示小于30 kPa,对应的标准电信号小于20 mA。就须设法消去 $-\rho_0 g h$ 的作用,由于 $-\rho_0 g h < 0$,故需负迁移,如图3-14所示。

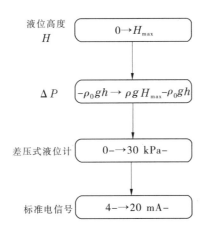

图 3-14 差压式液位计负迁移的对应关系图

2)负迁移的调校

调校差压变送器时,负压室接输入信号,正压室通大气。假设仪表的量程为30 kPa,迁移量 $\rho_1 g H = 30$ kPa,调校时,负压室加压30 kPa,调整差压变送器零点旋钮,使其输出为4 mA;之后,负压室不加压,调整差压变送器量程旋钮,直至输出为20 mA,中间三点按等刻度校验。输入与输出的关系见表3-3。

表3-3 负迁移输入与输出对应表

量程(%)	0	25	50	75	100
输入(kPa)	−30	−22.5	−15	−7.5	0
输出(mA)	4	8	12	16	20

当液面由空液面升至满液面时,变送器差压由 $\Delta P = -30$ kPa 变化至 $\Delta P = 0$,输出电流值由 4 mA 变为 20 mA。

(三)零点迁移的实质

正、负迁移的实质是通过调校差压变送器,改变量程的上、下限值,而量程的大小不变,如图3-15 所示。

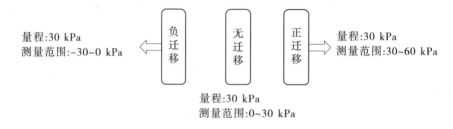

图 3-15 零点迁移的实质

二、法兰差压液位计

(一)工作原理

变送器的法兰直接与容器上的法兰连接,如图3-16 所示,法兰式测量头的金属膜盒经毛细管与变送器的测量室相通,在膜盒、毛细管和测量室所组成的封闭系统内充有硅油,作为传压介质,防止被测介质进入毛细管与变送器,以免堵塞或腐蚀。

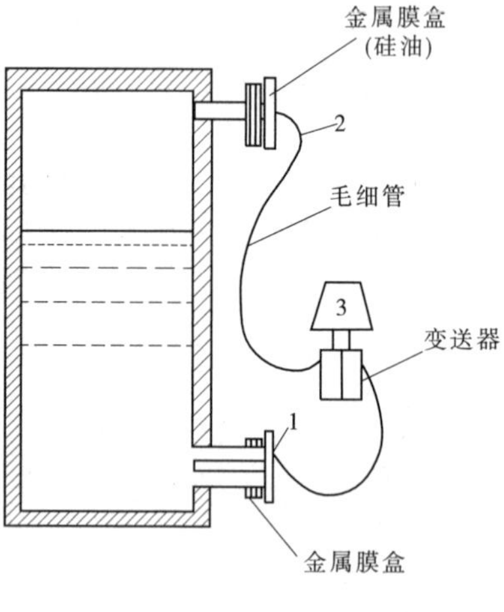

(二)分类

法兰式差压变送器按其结构形式可分为单法兰和双法兰两种,如图3-17 所示。一般敞口容器用单法兰,密闭容器用双法兰。

1—金属膜盒;2—毛细管;3—变送器
图 3-16 法兰式差压变送器结构示意图

(三)特点及适用场合

(1)优点:测量无机械磨损,工作可靠,质量稳定,结构简单,便于操作维护,体积小,适合大多数常温常压的场合,应用广泛。

(2)缺点:由于原理限制,须先测出压力再转化为液位,因此精度不是很高。在密度和温度变化比较大的工况下,储罐的精度会受到很大影响。如果有积垢或结晶,那么垢或结晶附着在变送器模块上,变送器灵敏度就非常低了。

(a)单法兰　　　　　　　　　　　　　　(b)双法兰

图 3-17　单法兰式差压变送器与双法兰式差压变送器外观

（3）应用场合：适用于石油、化工、电力、轻工及医药等行业储罐介质液位的测量，是一种被广泛使用的液位计。

（四）常见故障分析

法兰差压液位计常见故障及原因分析如表 3-4 所示。

表 3-4　法兰差压液位计常见故障及原因分析

常见故障	故障原因分析
液位波动较大	介质波动大或气化严重
	上引压管或下引压管不畅通
	毛细管有破损,介质泄漏
	膜盒损坏
	伴热温度过高
显示不变化	引出阀未打开或引压管线堵塞
	电路板损坏
	膜盒损坏
	正负毛细管同时被挤压造成管路堵塞或损坏
指示最大(最小)	低压侧(高压侧)隔离液泄漏、膜片损坏
	毛细管损坏
	低压侧(高压侧)引压阀没开或堵塞
指示偏大(偏小)	低压侧(高压侧)引压阀开度过小
	放空堵头漏
	仪表迁移量没计算准确,组态未设置好,仪表没有校验好
仪表无指示	信号线脱落或虚接
	电源保险烧坏
	安全栅损坏
	电路板损坏

第三节 反射式液位仪表

一、超声波液位计

(一)超声波及其特性

1. 超声波的定义

声波是频率在16 Hz～20 kHz,人耳能感受到的一种机械波。超声波是一种频率高于20 kHz的声波,它的方向性好,穿透能力强,易于获得较集中的声能,在水中传播距离远,可用于测距、测速、清洗、焊接、碎石、杀菌消毒等。

2. 超声波的特性

超声波在气体、液体和固体中的声阻抗不同。声阻抗与介质的密度及弹性有关,一般液体的声阻抗比空气大两千多倍,金属的声阻抗比水大十几倍到几十倍。当声波作用到两种介质的分界面上时,如果两种介质的声阻抗相差很大,部分声波会从分界面上反射回来,仅有一小部分声波能透过分界面继续传播。利用超声波的这些特性,可以测量液位。

(二)结构及测量原理

1. 超声波液位计的结构

超声波液位计由微处理器和探头(换能器)组成,如图3-18所示。探头的主要作用是发射和接收脉冲超声波。

2. 超声波液位计的工作原理

超声波液位计是由微处理器控制的数字物位仪表。在测量中脉冲超声波由传感器(换能器)发出,声波经物体表面反射后被同一传感器接收,转换成电信号,并由声波的发射和接收之间的时间来计算传感器到被测物体的距离,如图3-19所示。

(三)特点及适用场合

(1)超声波液位计测量时不与介质接触,且不受腐蚀性环境影响,被广泛应用于石油、矿业、电力、化工、环保等行业的液位测量与监控。

(2)基于测量原理和产品结构性能,超声波不适用真空环境和传播介质变化(如强挥发性)的场合、大量程、高温高压场合以及温度频繁变化的场合。

(四)故障现象及处理

(1)故障现象:无信号或者数据波动厉害。

原因:超声波液位计说的测量几米距离,都是指平静的水面。比如5 m量程的超声波液位计,一般是指测量平静的水面最大距离是5 m,实际出厂会做到6 m。在容器里面有搅拌的情况下,水面不是平静的,反射信号会减弱到正常信号的一半以下。

解决方法:

①选用更大量程的超声波液位计,如果实际量程是5 m,那就要用10 m或者15 m的超声波液位计来测量。

②如果不换超声波液位计,而且罐子内液体无黏性,还可以安装导波管,把超声波液位计探头放在导波管内测量液位计高度,因为导波管内的液面基本是平稳的。

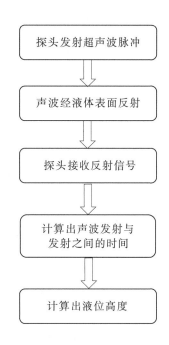

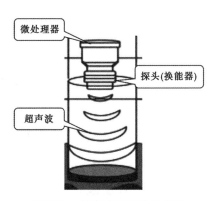

图 3-18　超声波液位计的结构　　　图 3-19　超声波液位计的工作原理

③建议把二线制超声波液位计改为四线制的。

（2）故障现象：超声波液位计数据无规律跳动，或者干脆显示无信号。

原因：工业现场有很多电动机、变频器，还有电焊，都会对超声波液位计测量造成影响。电磁干扰会超过探头接收到的回波信号。

解决方法：

①超声波液位计必须可靠接地，接地后，电路板上的一些干扰，会通过地线跑掉。而且这个接地是要单独接地，不能跟其他设备共用一个地。

②电源不能跟变频器、电动机同一个电源，也不能从动力系统电源上直接引电。

③安装地点要远离变频器、变频电动机、大功率电动设备。如果不能远离，就要在液位计外面装金属的仪表箱来隔绝屏蔽，这个仪表箱也要接地。

二、雷达液位计

（一）雷达及其特性

雷达信号是一种电磁波，可以穿透空间，在空气和真空中传播，其传播速度相当于光速。

雷达是能辐射电磁波，并利用物体对此电磁波的反射来发现目标物和测定物位置的电子探测系统。

雷达信号是否可以被反射以及反射信号的强弱，主要取决于两个因素：被测介质的导电性和介电常数。

所有导电介质都能很好地反射雷达信号,且介质的导电性越好或介电常数越大,回波信号的反射效果越好。

（二）结构及测量原理

发射—反射—接收就是雷达液位计的基本工作原理。

雷达传感器的天线以波束的形式发射电磁波信号,发射波在被测物料表面产生反射,反射回来的回波信号仍由天线接收,如图3-20所示。

（三）常见的两种雷达液位计

喇叭型雷达液位计和导波雷达液位计是常见的两种雷达液位计,如图3-21所示。

导波管可以是金属硬杆或柔性金属缆绳。

探头发出高频脉冲,并沿导波管传播。当脉冲遇到物料表面时,反射回来被仪表内的接收器接收,并将距离信号转化为物位信号。

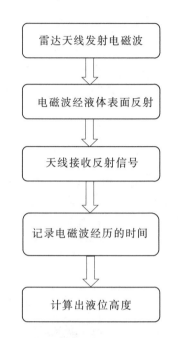

图 3-20　雷达液位计的测量原理

(a)喇叭型雷达液位计　　(b)导波雷达液位计

图 3-21　喇叭型雷达液位计与导波雷达液位计

（四）喇叭型雷达液位计与导波雷达液位计的区别

喇叭型雷达液位计与导波雷达液位计的区别见表3-5。

表 3-5　喇叭型雷达液位计与导波雷达液位计的区别

区别	喇叭型雷达液位计	导波雷达液位计
外观	喇叭	导波管
接触方式	非接触式	接触式(不适用食品等级要求高的场合)
使用工况	介质腐蚀、黏性	不受蒸汽、泡沫、液体密度、固体粉尘等的影响
测量范围	30～40 m,甚至可达60 m	考虑导波管的受力情况,距离较短

（五）导波雷达液位计的故障现象及处理

导波雷达液位计的故障现象及处理见表3-6。

表3-6　导波雷达液位计的故障现象及处理

故障现象	故障可能的原因及处理方式
液位、输出百分数与回路值波动	重新组态探头长度和偏差
	依靠其他设备确认准确液位
	调整阻尼系数
	重新组态回路值
不论液位高低，输出为同一数值	确认探头长度
	调整偏置值，已达到精确数值
无液位信号	检查介质介电常数
	液位在顶部过渡区，组态时没有设置
	线路板或16针连接器工作不正常
	探头长度组态
	可能有介质在探头上搭桥
	介电常数选择不正确
输出或最大，或最小，不精确	介质不纯，如油带水
	介质或杂物在探头上搭桥
	导波杆堵塞
	有泡沫或黏稠物
	探头顶部密封处有杂物

三、超声波液位计与雷达液位计的区别

超声波液位计与雷达液位计的区别如表3-7所示。

表3-7　超声波液位计与雷达液位计的区别

区别	超声波液位计	雷达液位计
波	声波（机械波）	电磁波（无线电波）
发射方式元件	常压容器	高压或负压容器
传播方式	需要传播媒介	真空
波的特性	方向性好，穿透力强	比较散
	介质密度	介电常数
		测量精度高、范围广
		适用有液体泡沫、粉尘等复杂工况

第四节 浮力式液位计

一、伺服电机液位计

以 Honeywell Enraf 854 ATG 伺服电机液位计为例来学习。

（一）结构及测量原理

伺服电机液位计的外观及结构如图 3-22 所示。其测量原理如图 3-23 所示。

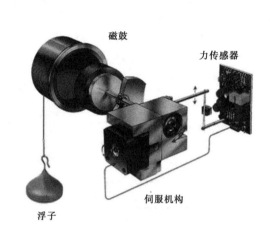

图 3-22 伺服电机液位计的外观及结构

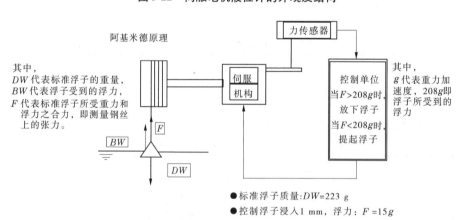

图 3-23 伺服电机液位计的测量原理

当液位静止时,浮子处于相对静止状态。此时,测量钢丝,磁鼓及力传感器以杠杆滑轮原理构成力平衡。

当液位下降或上升时,浮子所受浮力减小或增加,则测量钢丝绳上的张力增加或减小,具体测量原理如下:

（1）吊浮子的钢丝缠绕在磁鼓表面的槽中。

（2）马达单元安装在磁鼓的轴上。

（3）马达单元将力矩传递到力传感器。

（4）力传感器将力矩转变成频率信号。

（5）SPU（伺服处理单元）从力传感器接收频率，通过马达控制浮子位置。

（6）马达动作一步，钢丝收放 0.05 mm，直至达到力的平衡。

（7）通过计算马达动作步数，可以计算出钢丝的长度。

（8）依据"液位 = 罐高 – 钢丝长度"，即可测出液位高度。

（二）特点及适用场合

（1）高精度、高可靠性、先进。

（2）适用于高压、低温等大型储罐的测量。

（3）造价昂贵。

（三）故障现象、原因及处理方法

故障现象：液位值经常在某个同样高度的点不变。

原因：

（1）稳液管在安装的时候不垂直。

（2）稳液管内壁焊缝不光滑。

（3）稳液管内壁腐蚀，有毛刺。

处理办法：

（1）把磁鼓上的钢丝剪掉一截，使浮子落到罐中心高度的时候，钢丝也恰好在磁鼓中间缠绕。浮子的上下运动过程中会有一定的水平位移，以中间高度为基准，浮子上下的时候分别向两边偏离，这样偏离的值就会小一些。

（2）把表头换一个方向安装。如果把表头换一个方向，那么浮子上下运动导致的水平位移就不会在毛刺的方位上。

（3）把浮子更换为直径45 mm 的浮子。浮子的直径有45 mm、90 mm、110 mm 三种尺寸，直径越大，精度越高，但也越容易被卡住。当选用 45 mm 浮子的时候，这种浮子属于细长型浮子，即便接触毛刺也很容易歪斜脱钩，克服卡住的现象。

（4）重新校验力传感器，测量浮子重量，重新计算设置合适的 S1 值。如果浮子的重量偏差很多，那么有可能是力传感器不准导致的。

二、磁致伸缩液位计

（一）结构原理

如图 3-24 所示，磁致伸缩液位计由三部分组成：探测杆、电路单元和浮子。

测量时，电路单元产生电流脉冲，该脉冲沿着磁致伸缩线向下传输，并产生一个环形的磁场。在探测杆外配有浮子，浮子沿探测杆随液位的变化而上下移动。由于浮子内装有一组永磁铁，所以浮子同时产生一个磁

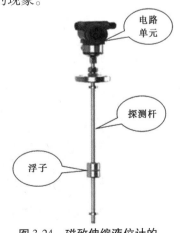

图 3-24　磁致伸缩液位计的外观及结构

场。当电流磁场与浮子磁场相遇时,产生一个扭曲脉冲,将扭曲脉冲与电流脉冲的时间差转换成脉冲信号,从而计算出浮子的实际位置,测得液位。

（二）特点及适用场合

1. 优点

（1）磁致伸缩液位计唯一可动部件为浮子,维护量极低,有利于降低维护成本。

（2）精度高,一些尖端产品精度已经可以达到0.1 mm。

（3）分辨率极高,可做到微米级。

（4）可同时测量总体液位和界面液位,可应用于两种不同液体之间的界位测量。

（5）安全性好,本安防爆。

2. 缺点

（1）抗干扰能力略差（一般不建议用在电厂等强电磁辐射的场所）。

（2）测量原理导致必须是接触式测量,不适用有腐蚀、有毒、高黏度液体的测量。

【职业技能】

工作任务 7　差压式液位计的读数及调零

一、差压式液位计的读数

差压式液位计的液晶表头显示读数可以根据需要进行设置,可以以量程的百分数（0~100%）、差压信号（0~7 kPa）、输出电流信号（4~20 mA）来体现。

如图 3-25 所示,假如量程范围为 0~700 mm,差压式液位计读数为 36%,则实际液位 $H = (700 - 0) \times 36\% = 252(\text{mm})$。

二、差压式液位计的调零

调零有两种方式,一种是机械调零,即使用螺丝刀在调零处（见图 3-26）进行调零,如图 3-27 所示。

图 3-25　差压式液位计的读数　　　图 3-26　差压式液位计机械调零处

调零的另一种方式是面板调零,即根据说明书利用变送器上的旋钮进行相应的调零。拧开变送器前盖,利用旋钮进行调零,如图3-28所示。

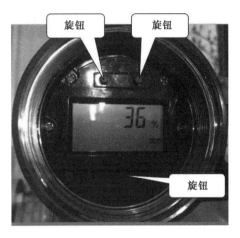

图3-27　机械调零　　　　　　　　　　　图3-28　面板调零

工作任务8　液位变送器的数据反馈

(1)硬件接线。

打开液位变送器后盖,按照接线柱表示,分别从正极、负极引线,通过一系列端子最终接入S7300控制系统AI模块6号、7号接线柱(或2号、3号接线柱,4号、5号接线柱等,根据需要进行选择),如图3-29所示。

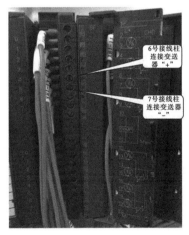

图3-29　液位变送器的硬件接线

(2)PLC硬件组态(与压力、温度变送器硬件组态相同)如图3-30所示。

(3)设置通道量程(2号、3号接线柱)为4~20 mA两线制,如图3-31所示。

(4)程序编写。液位变送器的数据反馈程序如图3-32所示。

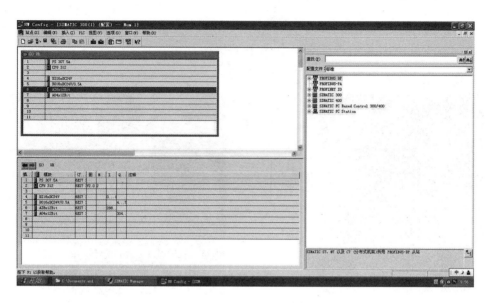

图 3-30　PLC 硬件组态

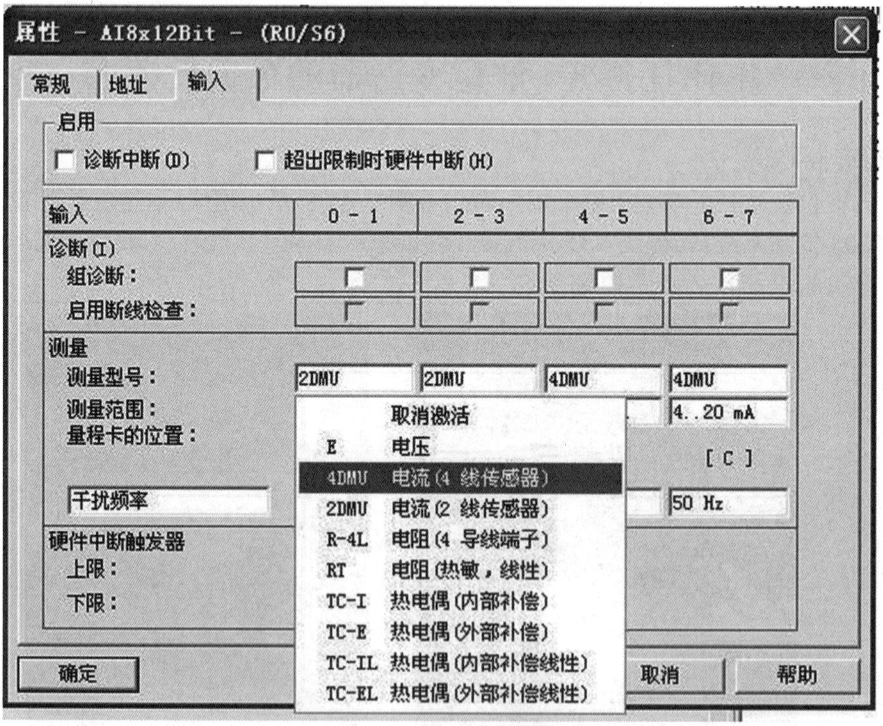

图 3-31　硬件通道量程设置

结合工作任务压力、温度变送器的数据反馈,温度变送器连接通道为 6 号、7 号,则默认硬件地址为 PIW292,使用 MOVE 指令将数据存储在 MW6 寄存器。

(5)上位组态软件设置。数据变量设置如图 3-33 所示。

从图 3-34 所示铭牌观察,此液位变送器为磁翻板液位计的远传变送器,量程范围为

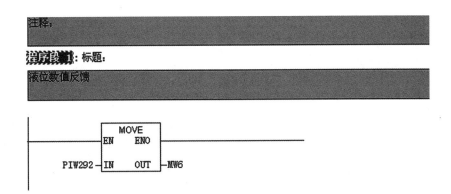

图 3-32　液位变送器的数据反馈程序

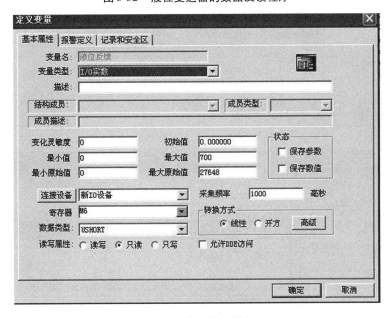

图 3-33　数据变量设置

图 3-34　液位变送器铭牌(磁翻板液位计的远传变送器)

0~700 mm,输出信号为4~20 mA(电流)。所以,组态数据变量设置中,最小值为0,最大值为700。

(6)开发组态画面。液位变送器的数据反馈组态画面如图3-35所示。

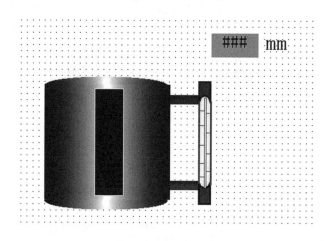

图3-35 液位变送器的数据反馈组态画面

(7)添加变量。数据变量添加如图3-36所示。

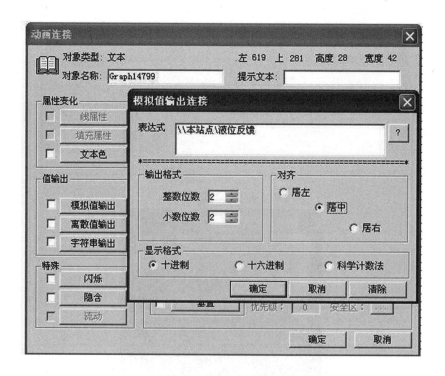

图3-36 数据变量添加

(8)数据显示。液位变送器的数据反馈显示如图3-37所示。

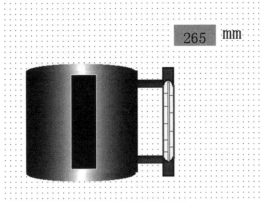

图 3-37　液位变送器的数据反馈显示

第四章 流量检测仪表

在工业生产过程自动化中,流量是测量和控制的重要参数之一。流量以质量表示时称为质量流量,以体积表示时称为体积流量。为有效地进行生产和控制,需要经常对各种介质的流量进行检测,下面介绍几种常用的流量计。

第一节 腰轮流量计

一、腰轮流量计的结构

腰轮流量计又叫罗茨流量计,其外观及内部结构如图4-1所示。在流量计的壳体内有一个计量室,计量室内有一对或两对可以相切旋转的腰轮。在流量计壳体外面与两个腰轮同轴安装了一对传动齿轮,它们相互啮合使两个腰轮可以相互联动。

图4-1 腰轮流量计的外观及内部结构

二、腰轮流量计的工作原理

当有流体通过流量计时,在流量计进、出口流体差压的作用下,两个腰轮将按正方向旋转。计量室内液体不断流进流出,只需要知道计量室体积和腰轮转动次数就可以计算出流体流量。

三、特点及适用场合

(1)质量轻、精度高,安装使用方便。

(2)压力损失小,量程范围大。

(3)主要用于石化、电力、冶金、交通、国防以及商贸等部门对汽油、煤油及轻柴油等油品的计量。

第二节　涡轮流量计

一、涡轮流量计的结构

涡轮流量计的结构及外观如图4-2所示。

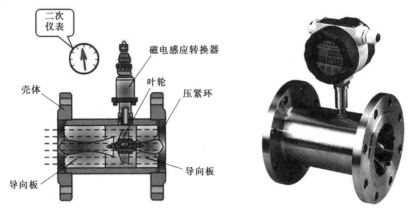

图4-2　涡轮流量计的结构及外观

涡轮流量计主要由以下几个部件组成：

(1)涡轮(也称叶轮)。用导磁不锈钢材料制成,装有螺旋状叶片,叶片数根据直径变化而不同,2～24片不等。

(2)涡轮的轴承。一般采用滑动配合的硬质合金轴承,要求耐磨性能好。由于流体通过涡轮时会对涡轮产生一个轴向推力,使轴承的摩擦转矩增大,加速轴承磨损,为了消除轴向力,需在结构上采取水力平衡措施。

(3)前置放大器。由磁电感应转换器与放大整形电路两部分组成。磁电感应转换器国内一般采用磁阻式,它由永久磁钢及外部缠绕的感应线圈组成。当流体通过使涡轮旋转时,叶片在永久磁钢正下方时磁阻最小,两叶片空隙在磁钢下方时磁阻最大,涡轮旋转,不断地改变磁路的磁通量,使线圈中产生变化的感应电势,送入放大整形电路,变成脉冲信号。

(4)二次仪表。接收前置放大器传输的脉冲信号,进行处理后,显示出流体的瞬时流量或总量。

二、涡轮流量计的工作原理

涡轮流量计的工作原理如图4-3所示。流体流经传感器壳体,由于叶轮的叶片与流向有一定的角度,流体的冲力使叶片具有转动力矩,克服摩擦力矩和流体阻力之后叶片旋转,在力矩平衡后转速稳定。在一定的条件下,转速与流速成正比,由于叶片有导磁性,它处于信号检测器由永久磁钢和线圈组成的磁场中,旋转的叶片切割磁力线,周期性地改变着线圈的磁通量,从而使线圈两端感应出电脉冲信号。此信号经过放大器的放大整形,形

成有一定幅度的连续的矩形脉冲波,可远传至显示仪表,显示出流体的瞬时流量或总量。

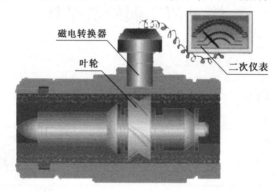

图 4-3　涡轮流量计的工作原理

三、特点及适用场合

(1)抗杂质能力强。
(2)抗电磁干扰和抗振能力强。
(3)其结构与原理简单,便于维修。
(4)几乎无压力损失,节省动力电耗。

第三节　涡街流量计

一、涡街流量计的结构

涡街流量计由传感器和流量积算仪两部分组成,如图 4-4 所示。传感器由漩涡发生体、阻流体、检测元件、壳体等部分组成。流量积算仪包括信号处理电路(由前置放大器、滤波整形电路组成)、微处理器、A/D 转换电路、按键、电源、输出接口电路、显示、通信电路等部分。

图 4-4　涡街流量计外观

（一）漩涡发生体

漩涡发生体是流量计的主要部件,它与测量管道的轴线垂直,可通过焊接在壳体内或用密封件安装在壳体内,其功能就是产生卡门涡街,如图4-5所示。

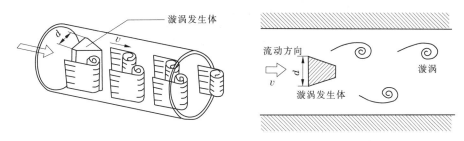

d—漩涡发生体前端宽度;v—液体流速

图 4-5　涡街流量计的内部结构及工作原理示意图

（二）检测元件

检测元件安装在壳体上,可采用热敏、应变、磁电、电容、应力、光电、超声等敏感元件制作,用以检测发生体产生的卡门涡街信号。

二、涡街流量计的原理

涡街流量计是根据流体振荡原理来测量流量的。流体在管道中经过涡街流量变送器时,在三角柱的漩涡发生体后上下交替产生正比于流速的两列漩涡,漩涡的释放频率与流过漩涡发生体的流体平均速度及漩涡发生体特征宽度有关,根据这种关系,由漩涡频率就可以计算出流过漩涡发生体的流体平均速度,再乘以横截面面积得到流量。

三、特点及适用场合

(1)结构简单、牢固,无可动部件,可靠性高,长期运行可靠。

(2)安装简单,维护十分方便。

(3)检测传感器不直接接触被测介质,性能稳定,寿命长。

(4)输出是与流量成正比的脉冲信号,无零点漂移,精度高。

(5)测量范围宽,量程比可达1:10。

(6)压力损失较小,运行费用低,更具节能意义。

第四节　孔板流量计

一、孔板流量计的结构

孔板流量计是将标准孔板与多参数差压变送器(或差压变送器、温度变送器及压力变送器)配套组成的高量程比差压流量装置,节流装置又称为差压式流量计。

孔板流量计是由一次检测件(节流件)和二次装置(差压变送器和流量显示仪)组成,广泛应用于气体、蒸汽和液体的流量测量。其外观如图4-6所示。

图 4-6　孔板流量计的外观

（一）节流现象及其原理

流体在有节流装置的管道中流动时,在节流装置前后的管壁处,流体的静压产生差异的现象称为节流现象。

连续流动着的流体,在遇到安插在管道内的节流装置时,由于节流装置的截面面积比管道的截面面积小,形成流体流通面积突然缩小,在压力作用下,流体的流速增大,挤过节流孔,形成流速降低。同时,在节流装置前后的管壁处的流体静压力就产生了差异,形成了静压力差 $\Delta P(\Delta P = P_1 - P_2)$,此即为节流现象。

（二）标准节流装置——孔板

标准孔板是一块圆形的中间开孔的金属板,开孔边缘非常尖锐,而且与管道轴线是同心的,用于不同管道内径的标准孔板,其结构形式基本是几何相似的,标准孔板是旋转对称的,上游侧孔板端面的任意两点间连线应垂直于轴线。

二、孔板流量计的工作原理

孔板流量计的工作原理如图 4-7 所示。流体充满管道,流经管道内的节流装置时,流束会出现局部收缩,从而使流速增加,静压力降低,于是在节流件前后便产生了压力降,即压差,介质流动的流量越大,在节流件前后产生的压差就越大,所以孔板流量计可以通过测量压差来衡量流体流量的大小。这种测量方法是以能量守恒定律和流动连续性定律为基准的。

在管道中安装一个孔板（节流板）,流体流经孔板时,速度增加,压强减小,孔板两侧的静压头之差正好是管中动压头之差：

$$(P_1 - P_0)/\rho = (U_0^2 - U_1^2)/2$$

三、特点及适用场合

（1）节流装置结构易于复制,简单、牢固,性能稳定可靠,使用期限长,价格低廉。

（2）应用范围广,全部单相流皆可测量,部分混相流亦可应用。

（3）标准型节流装置无须实流校准,即可投用。

（4）一体型孔板安装更简单,无须引压管,可直接接差压变送器和压力变送器。

图 4-7 孔板流量计的工作原理

第五节 转子流量计

一、转子流量计的结构

转子流量计的结构(见图 4-8)主要由三大部分组成:指示器(智能型指示器、就地指示器)、转子(浮子)、锥形测量室。

常用的转子流量计有金属转子流量计和玻璃管转子流量计两种。

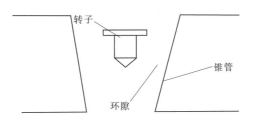

图 4-8 转子流量计的结构

二、转子流量计的工作原理

转子流量计的工作原理如图 4-9 所示。当测量流体的流量时,被测流体从锥管下端流入,流体的流动冲击着转子,并对它产生一个作用力,当流量足够大时,产生的作用力将转子托起。同时,被测流体流经转子与锥形管壁间的环形断面,这时作用在转子上的力有三个:流体对转子的动压力、转子在流体中的浮力和转子自身的重力。流量计垂直安装时,转子重心与锥管管轴会相重合,作用在转子上的三个力都沿平行于管轴的方向。当这三个力达到平衡时,转子就平稳地浮在锥管内某一位置上。

对于给定的转子流量计,转子大小和形状已经确定,因此它在流体中的浮力和自身重力都是已知常量,唯有流体对浮子的动压力是随来流流速的大小而变化的。因此,当来流流速变大或变小时,转子将向上或向下移动,相应位置的流动截面面积也发生变化,直到流速变成平衡时对应的速度,转子就在新的位置上稳定。对于一台给定的转子流量计,转

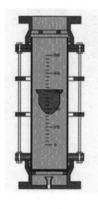

图 4-9　转子流量计的工作原理

子在锥管中的位置与流体流经锥管的流量的大小成一一对应关系。

三、特点及适用场合

(1)转子流量计是工业上和实验室最常用的一种流量计。

(2)结构简单、直观,压力损失小,维修方便。

(3)须安装在垂直走向的管段上,流体介质自下而上地通过转子流量计。

第六节　超声波流量计

一、超声波流量计的结构

超声波流量计一般可分为现场传感器(探头)、传输电缆、显示主机三大部分,如
图 4-10 所示。其传感器有外夹式、插入式、法兰式(管段式),显示主机分固定式、便携式,而便携式主机可配备外夹式传感器对固定在线运行的超声波流量计进行比对(现场校准),且安装十分简便。

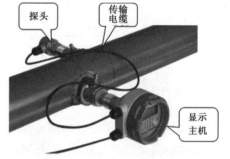

图 4-10　超声波流量计的结构

二、超声波流量计的工作原理

超声波流量计是基于超声波在流动介质中传播的速度等于被测介质的平均流速与声波本身速度的矢量和的原理而设计的。它是由测流速来反映流量大小的。

超声波流量计的工作原理如图 4-11 所示。通过对超声波产生的影响来对液体流量进行测量,其利用的是"时差法"。首先,使用探头 P_1 发射信号,信号穿过管壁、流体后被另一侧的探头 P_2 接收到;在探头 P_1 发射信号的同时探头 P_2 也发出同样的信号,经过管壁、流体后被探头 P_1 接收到;由于流速的存在使得两时间不等,存在时间差,因此根据时间差便可求得流速,进而得到流量值。

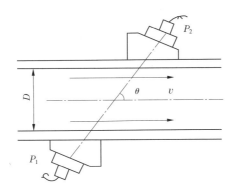

图 4-11　超声波流量计的工作原理

三、特点

(一)优点

(1)超声波流量计是一种非接触式测量仪表,可用来测量不易接触、观察的流体流量和大管径流量。它不会改变流体的流动状态,不会产生压力损失,且便于安装。

(2)可以测量强腐蚀性介质和非导电介质。

(3)超声波流量计的测量范围大,管径范围为 20 mm ~ 5 m。

(4)超声波流量计可以测量各种液体和污水流量。

(5)超声波流量计测量的体积流量不受被测流体的温度、压力、黏度及密度等热物性参数的影响。可以做成固定式和便携式两种形式。

(二)缺点

(1)超声波流量计的温度测量范围不高,一般只能测量温度低于 200 ℃ 的流体。

(2)抗干扰能力差。易受气泡、结垢、泵及其他声源混入的超声杂音干扰,影响测量精度。

(3)直管段要求严格,为前 20D、后 5D(D 为管段直径);否则离散性差,测量精度低。

(4)安装的不确定性,会给流量测量带来较大误差。

(5)测量管道因结垢,会严重影响测量准确度,带来显著的测量误差,甚至在严重时仪表无流量显示。

第七节　阿牛巴流量计

一、阿牛巴流量计的结构

阿牛巴流量计是差压式流量计的一种,其构成设备有流量传感器、差压变送器、流量积算仪三大部件(见图 4-12),与传统差压式流量计所需部件完全相同,唯一不同的是传感器的结构,这也是差压式流量计最大的区别。

传感器是由检测杆、取压口和导杆组成,它横穿管道内部与管轴垂直,在测杆的迎流面上设有多个测压孔测量总压平均值,在其背流面、侧流面有测量静压测压孔,分别由总

压导压管和静压导压管引出,根据总压与静压的差压值,计算流经管道的流量。也可以用流量管壁静压代替传感器背流面的静压。

差压变送器与流量积算仪

流量传感器

图 4-12　阿牛巴流量计的结构

二、阿牛巴流量计的工作原理

运动中的流体保持其流动的能量称为动压能。流体所具有的动压能和流速相关,改变流体的运动状态时流体的动压能会转换为动压力作用于改变流体的运动状态的物体上,检测这个物体所受的力或者直接测量动压力就能得到流速,并进而获得流量值。

阿牛巴流量计的探头是一根中间隔开、两侧开孔的圆柱,实际上相当于两根侧面开孔的管子,其开孔迎向流束的可以感受流体的动压和静压,而背向流束开孔的则感受静压,两管压力差的平方与流速(流量)成正比。

三、特点

(1)准确度高,稳定性好。

(2)设计合理,安装方便、经济。

(3)有利于管道布局。

(4)压力损失小,能源损耗少。

第八节　电磁流量计

一、电磁流量计的结构

电磁流量计主要由传感器和转换器两大部分组成,如图 4-13 所示,其中传感器包括法兰、绝缘衬里、电极、测量管、励磁线圈、传感器外壳等部分,转换器包括内部电路板和转换器外壳等部分。

(1)转换器:为传感器提供稳定的励磁电流,同时把通过传感器得到的感应电动势放大,转换成标准的电信号或频率信号,同时显示实时流量和参数等,用于流量的显示、控制与调节。

(2)法兰:用于与工艺管道相连接。

(3)绝缘衬里:在测量管内侧及法兰密封面上的一层完整的电绝缘耐蚀材料。

(4)电极:在与磁力线垂直的测量管管壁上装有一对电极,检出流量信号,电极材料可根据被测介质腐蚀性能选用。另装有 1~2 个接地电极,用于流量信号测量的接地和抗干扰。

(5)测量管:测量管内流过被测介质。测量管由不导磁的不锈钢和法兰焊接而成,内衬绝缘衬里。

(6)励磁线圈:测量管外侧上下各装有一组线圈,产生工作磁场。

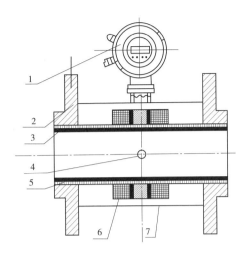

1—转换器;2—法兰;3—绝缘衬里;4—电极;5—测量管;6—励磁线圈;7—外壳

图 4-13　电磁流量计的结构

(7)传感器外壳:既起保护仪表作用,又起密封作用。

二、电磁流量计的工作原理

电磁流量计所依据的基本理论是法拉第电磁感应定律。当导体切割磁力线运动时,导体内将产生感应电动势,如图 4-14 所示。

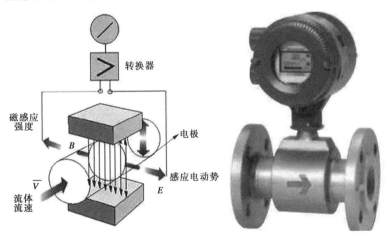

图 4-14　电磁流量计的工作原理

根据该原理,可测量管内流动的导电流体的体积,导电流体流动的方向与电磁场的方向垂直,在导管垂直方向施加一个交变的磁场,并在有绝缘衬里的导管内壁两侧安装一对电极,两电极的连线既与导管轴线垂直,又与磁场方向垂直,当导电流体流经导管时,因切割磁力线,两个电极上就产生感应电动势。转换器将接收到的感应电动势进行处理后,在仪表上显示相应的流量。

三、特点及适用场合

（1）双向测量系统。

（2）传感器所需的直管段较短,长度为 5 倍的管道直径。

（3）压力损失小。

（4）测量不受流体密度、黏度、温度、压力和电导率变化的影响。

（5）主要应用于污水处理方面。

第九节　科里奥利质量流量计

科里奥利质量流量计(简称 CMF)是利用流体在振动管中流动时产生与质量流量成正比的科里奥利力原理制成的一种直接式质量流量仪表。

一、科里奥利质量流量计的结构

科里奥利质量流量计的结构如图 4-15 所示。

二、科里奥利质量流量计的工作原理

当一个位于旋转系内的质点做朝向或者离开旋转中心的运动时,将产生一惯性力,通过直接或者间接地测量出在旋转管道中流动的流体作用于管道上的科里奥利力,就可以测得流体通过管道的质量流量。

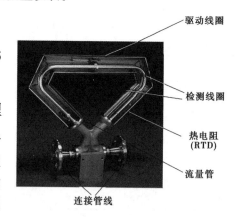

图 4-15　科里奥利质量流量计的结构

三、特点

（1）无机械传动机构,体积小,质量轻,便于维护。

（2）高精度。

（3）内部无可动部件,稳定性好。

（4）量程比宽,大大优于其他传统仪表。

【职业技能】

工作任务 9　涡轮流量计的更换

一、准备工作

（1）穿戴好劳保用品。

（2）准备工具、用具、材料:校对好的流量计一块、活动扳手 2 把、3 mm 螺丝刀 1 把、钢丝刷 1 把、笔 1 只、纸 1 张。

(3)查询原流量计的通信地址,将新流量计的地址修改为与原流量计一致。

二、操作步骤

(一)放空
(1)关闭流量计的进口阀门、出口阀门。
(2)打开放空阀和排污阀,放掉管线内的残余流体泄压。

(二)记流量计底数
记录原流量计的累计流量。

(三)拆除导线
(1)断开流量计电源,确认断电后,打开流量计后盖,拆除接线端(见图4-16)上的线,并分别用绝缘胶带缠绕。
(2)拆除挠性防爆管并将导线抽出。

(四)拆卸流量计
(1)正确使用扳手拆卸螺栓,检查保养并摆放整齐。
(2)拆下流量计、垫片并放在毛毡上。

(五)安装流量计
(1)使用钢丝刷清理法兰。
(2)按要求安装流量计与垫片。
(3)对角紧固螺栓,安装流量计。
(4)将导线重新接回流量计,盖好后盖。

图 4-16　流量计接线端

(六)试压
(1)关闭放空阀。
(2)依次打开流量计的出口阀门、进口阀门,试压。
(3)确认无泄漏后,打开流量计的供电电源。

(七)清理现场
清理现场,收回工具。

工作任务 10　流量计的数据反馈

本工作任务完成对现场流量计的数据采集,并将流量计相关的数据通过上位机软件显示出来。一般流量计既可以通过 4 ~ 20 mA 电流信号来传送数据,也可以通过通信的方式来传送数据,其中 Modbus 通信协议应用较为广泛,本实操项目将采用 Modbus 通信协议完成流量数据的采集。本工作任务需要添加一个新硬件:西门子通信模块 CP 340 – RS422/485。

一、硬件连接

CP 340 的接口为 15 针接口,使用 15 针接头(见图4-17)将 CP 340 的 4、11 与流量计通信接口的 A、B 相连,如图 4-18 所示。

二、PLC 编程

(一)硬件配置

(1)硬件中添加 CP 340,如图 4-19 所示。

(2)双击 CP 340 进行设置(见图 4-20),设置之前需要安装 CP PtP Param 组态软件,此软件可在西门子工业支持中心下载。

(3)单击"参数",选择"Protocol"为"ASCII",如图 4-21 所示。

(4)双击"Protocol",按照图 4-22 对通信方式进行设置。通信速率与流量计匹配,数据长度、停止位、校验位均须与流量计一致。

(5)选择通信接口为半双工 RS485 的方式,如图 4-23 所示。设置完毕后保存,并将硬件组态重新下载。

(二)新建数据块

(1)新建数据块 DB30,用来存储发送的数据,如图 4-24 所示。按 Modbus RTU 协议的内容编写数据。

(2)新建数据块 DB31,用来存储接收的数据,如图 4-25 所示。同样按照 Modbus RTU 协议的内容编写数据。

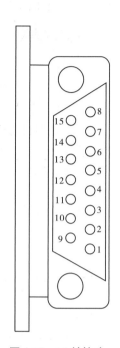

图 4-17   15 针接头

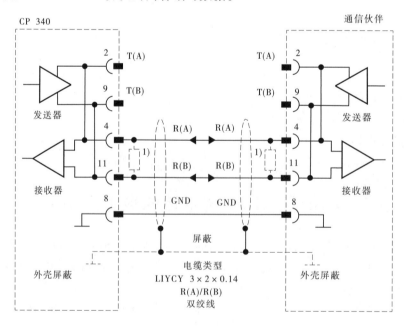

图 4-18   CP 340 线路连接

(三)编写梯形图

在 OB1 中编写如图 4-26 所示程序。

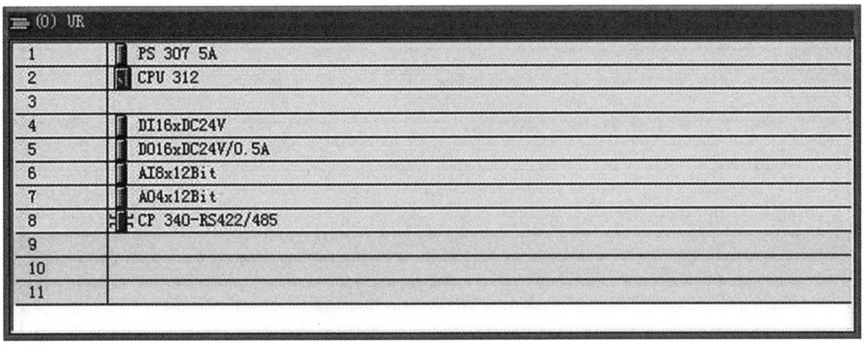

1	PS 307 5A
2	CPU 312
3	
4	DI16xDC24V
5	DO16xDC24V/0.5A
6	AI8x12Bit
7	AO4x12Bit
8	CP 340-RS422/485
9	
10	
11	

(0) UR

图 4-19 硬件配置（1）

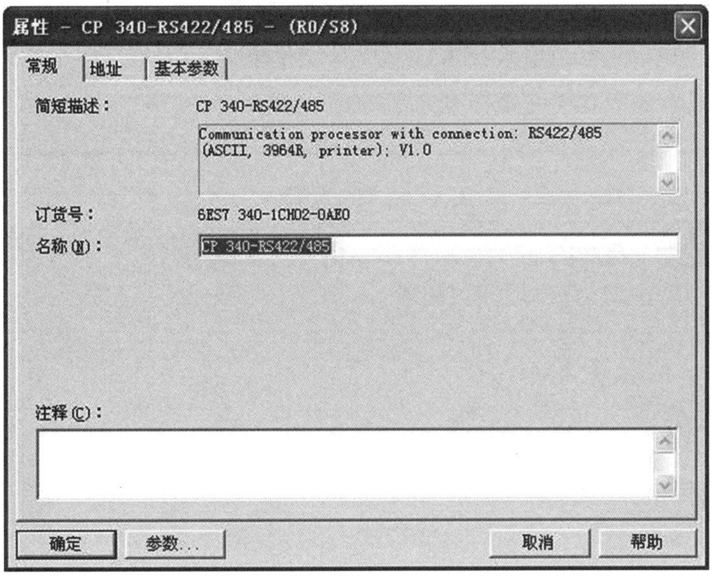

属性 — CP 340-RS422/485 — (R0/S8)

常规 | 地址 | 基本参数

简短描述： CP 340-RS422/485

Communication processor with connection: RS422/485
(ASCII, 3964R, printer); V1.0

订货号： 6ES7 340-1CH02-0AE0

名称(N)： CP 340-RS422/485

注释(C)：

确定 | 参数... | 取消 | 帮助

图 4-20 硬件配置（2）

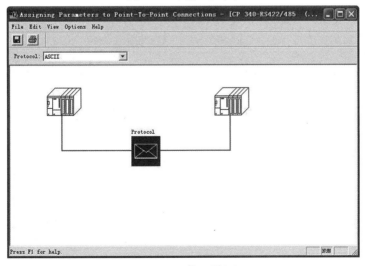

Assigning Parameters to Point-To-Point Connections - [CP 340-RS422/485 (...

File Edit View Options Help

Protocol: ASCII

Protocol

Press F1 for help.

图 4-21 硬件配置（3）

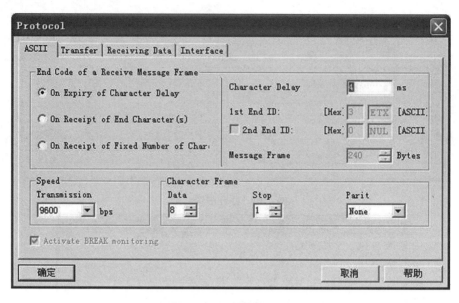

图4-22　硬件配置(4)

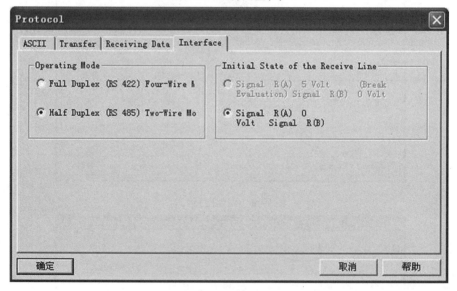

图4-23　硬件配置(5)

地址	名称	类型	初始值	注释
0.0		STRUCT		
+0.0	DB_VAR	BYTE	B#16#1	设备地址
+1.0	DB_VAR1	BYTE	B#16#3	功能码
+2.0	DB_VAR2	BYTE	B#16#0	起始地址
+3.0	DB_VAR3	BYTE	B#16#0	起始地址
+4.0	DB_VAR4	BYTE	B#16#0	寄存器个数　12 6个变量　16进制 0C
+5.0	DB_VAR5	BYTE	B#16#C	寄存器个数　12 6个变量　16进制 0C
+6.0	DB_VAR6	BYTE	B#16#45	效验码高位
+7.0	DB_VAR7	BYTE	B#16#CF	效验码低位
=8.0		END_STRUCT		

图4-24　DB30 数据块

地址	名称	类型	初始值	注释
0.0		STRUCT		
+0.0	DB_VAR	BYTE	B#16#0	
+1.0	DB_VAR1	BYTE	B#16#1	
+2.0	DB_VAR2	BYTE	B#16#3	
+3.0	DB_VAR21	BYTE	B#16#18	4*6个字节24
+4.0	DB_VAR22	REAL	0.000000e+000	温度
+8.0	DB_VAR221	REAL	0.000000e+000	压力
+12.0	DB_VAR222	REAL	0.000000e+000	工况瞬时流量
+16.0	DB_VAR223	REAL	0.000000e+000	工况累积流量
+20.0	DB_VAR224	REAL	0.000000e+000	标况瞬时流量
+24.0	DB_VAR225	REAL	0.000000e+000	标况累积流量
+28.0	DB_VAR226	BYTE	B#16#0	CRC校验高位
+29.0	DB_VAR2261	BYTE	B#16#0	CRC校验低位
=30.0		END_STRUCT		

图 4-25　DB31 数据块

图 4-26 中只对温度和压力进行了高低位转换，其他数据读者可根据需要自行编写。各个数据分别经过读取、高低位转换最终均被存储到了 DB32 中。温度、压力、工况瞬时流量、工况累计流量、标况瞬时流量、标况累计流量最终的存储地址分别为 DB32. DBD0、

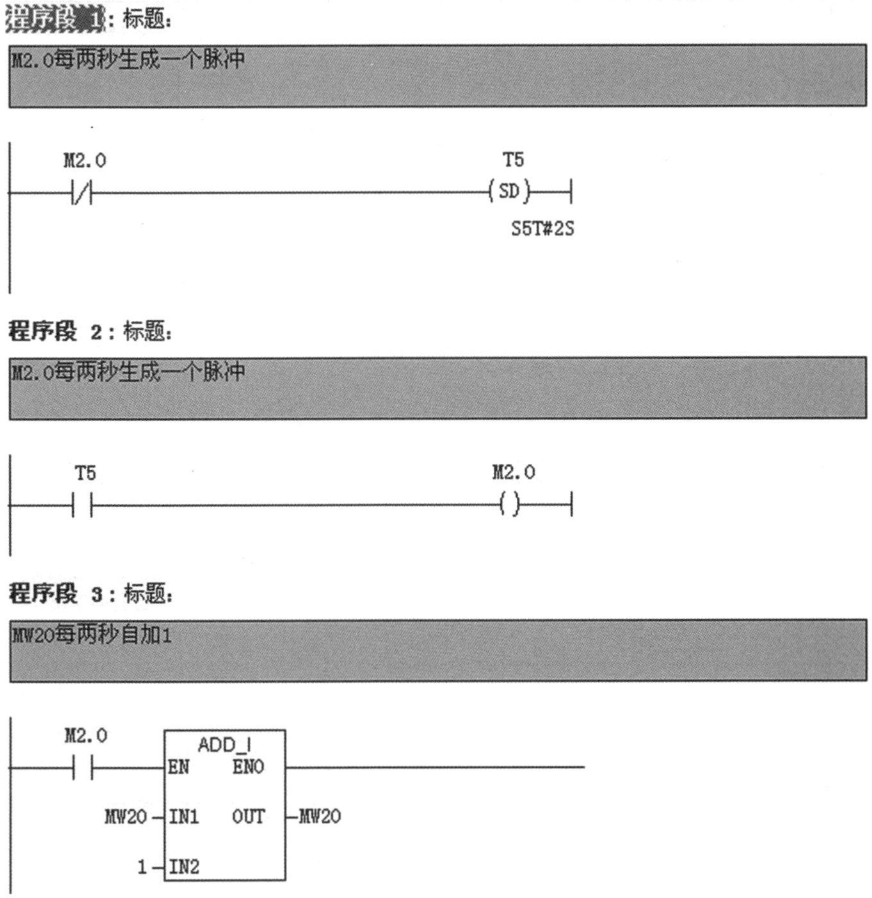
程序段 1：标题：
M2.0每两秒生成一个脉冲
M2.0
T5
SD
S5T#2S
程序段 2：标题：
M2.0每两秒生成一个脉冲
T5
M2.0
程序段 3：标题：
MW20每两秒自加1
M2.0
ADD_I
EN
ENO
MW20
IN1
OUT
MW20
1
IN2

图 4-26　流量计通信梯形图

程序段 4:标题:

MW20=4时自动清零

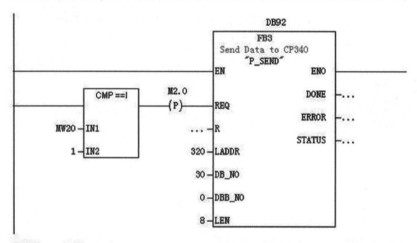

程序段 5:标题:

八秒钟一个循环,MW20=1时,发送DB30内的数据

程序段 6:标题:

MW20=1的两秒钟等待并接收流量计发回的数据,并将其存储到DB31

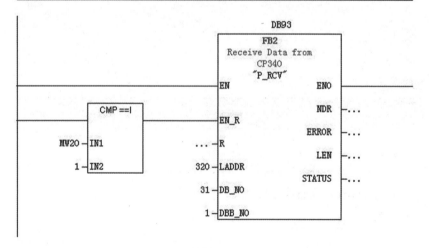

续图 4-26

程序段 7:标题:

将接收到的数据进行高低位转换并将其存储到DB32

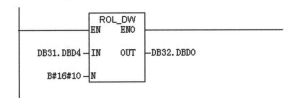

程序段 8:标题:

注释:

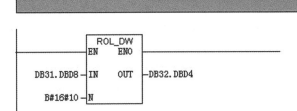

续图 4-26

DB32.DBD4、DB32.DBD8、DB32.DBD12、DB32.DBD16、DB32.DBD20。

三、组态编程

(一)编写数据词典

以"标况瞬时流量"为例编写数据词典。因为此过程中不存在量程转换,所以最大值、最小值不需要修改,"寄存器"填写对应地址"DB32.16","数据类型"选择浮动点数"FLOAT",如图 4-27 所示。

(二)画面组态

利用工具箱完成如图 4-28 所示画面编写。

(三)数据连接

双击画面中的"######",选择"模拟值输出",并在弹出的对话框中进行相关设置,如图 4-29 所示。

(四)运行调试

单击右键选择"切换到 View",将进入组态运行界面,依次点击菜单栏的"画面"→"打开",在对话框中选择已编辑的画面名称,观察数据显示是否正常。如果显示不正常,可以通过 PLC 的监控查看是否接收到数据,如果未接收到数据,可使用电脑上的串口测试软件检查串口通信是否正常。

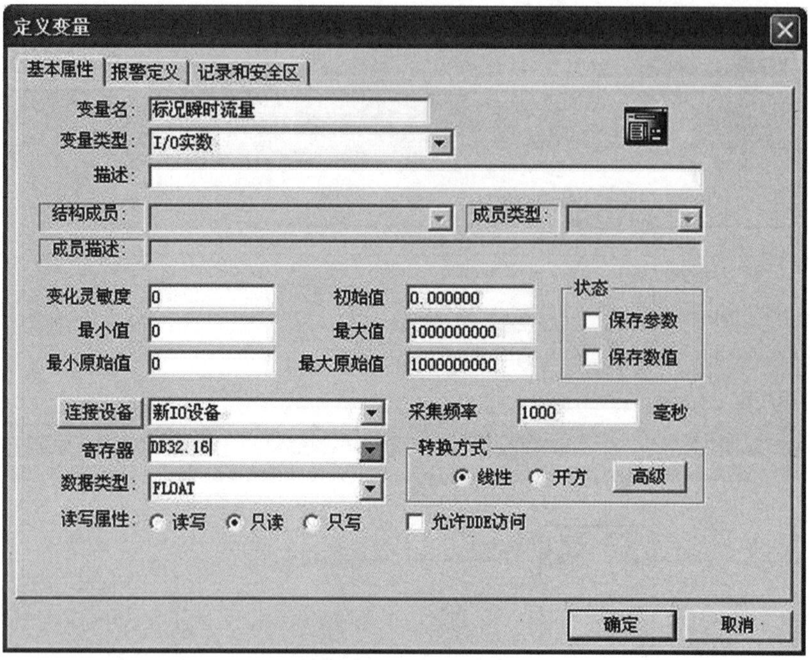

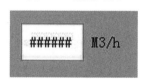

图 4-27 数据词典

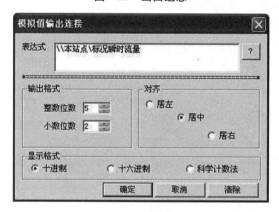

图 4-28 画面组态

图 4-29 数据连接

第五章 执行机构

在自动控制系统中,执行机构是依据控制器送出来的操纵信号对生产过程(被控对象)施加影响,有目的地改变控制变量的装置。执行机构与变送器等仪表不同,它直接与生产过程相接触,并且对生产过程施加影响。换句话说,执行机构要工作在高温、高压、腐蚀、振动等恶劣的现场环境中,同时要有足够的功率影响生产过程。鉴于上述特点,有必要了解执行机构的结构原理及性能指标,以便对其恰当地进行选择和使用,保证控制系统安全、正常、高效地运行。

第一节 电动执行机构

电动执行机构又称电动执行器、电装、电动头,是一种自动控制领域的常用机电一体化设备(器件),是自动化仪表终端的三大组成部分中的执行设备。主要是对一些阀门、挡板等设备进行自动操作,控制其开关和调节开度,代替人工作业。

一、电动执行机构的分类

(1)按输出位移可分为以下三类:

①角行程,输出力矩和90°转角,用于控制蝶阀、球阀、百叶阀、风门、旋塞阀、挡板阀等。

②直行程,输出推力和直线位移,用于单、双座调节阀,套筒阀,高温高压给水阀,减温水调节阀。

③多回转,输出力矩和超过360°的转动,用于控制各类闸板阀、截止阀、高温高压阀、减温水调节阀及需要多圈转动的其他调节阀。

(2)按控制模式可分为切断阀和调节阀两大类。

二、电动执行机构的结构

电动执行机构的结构如图5-1所示,主要包括电动机、行程和力矩传感器、减速装置、阀门附件、手动轮、执行器控制板、电气控制接线端、现场总线板。

其中,电动机的作用把电能转换为机械能,从而驱动执行机构动作;减速器的作用是将电机的高转速、小转矩的输出转换为低转速、大转矩的输出,以带动阀门机构动作。

三、电动执行机构的工作原理

电动执行机构的工作原理如图5-2所示。电动执行机构内部的微处理器能够接收PLC下达的指令,通常当微处理器接收到开阀信号时,微处理器控制电动机正转(或反转),通过减速机以及输出轴带动阀门打开。当阀门完全打开时,阀位传感器反馈信号给

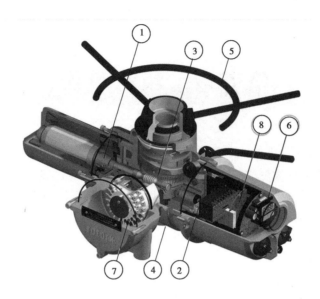

1—电动机;2—行程和力矩传感器;3—减速装置;4—阀门附件;
5—手动轮;6—执行器控制板;7—电气控制接线端;8—现场总线板

图5-1 电动执行机构的结构

微处理器,此时微处理器控制电动机停止,并将开到位信号反馈给PLC。当微处理器接收到关阀信号时,微处理器控制电动机反转(或正转),通过减速机以及输出轴带动阀门关闭。当阀门完全关闭时,阀位传感器反馈信号给微处理器,此时微处理器控制电动机停止,并将关到位信号反馈给PLC。扭矩(压力)传感器如果检测到扭矩过大,信号将传递给微处理器,微处理器控制电动机停止,以防电动机堵转对电机造成损害,从而起到保护电机的作用。

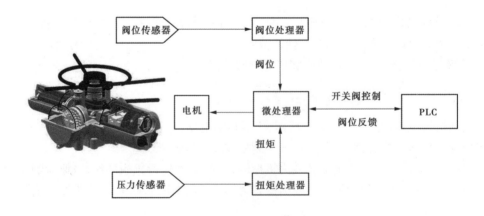

图5-2 电动执行机构的工作原理

第二节 电动执行机构的操作与故障判断

一、电动执行机构的操作

电动执行机构的操作方式可以分为三种：远程、就地、手动。远程控制：通过上位机、PLC 对执行机构进行控制。就地控制：在现场通过执行机构上的开关对执行机构进行控制。手动控制：通过转动现场手轮的方式对执行机构进行控制。在工作现场可以根据工作需要选择对应的操作方式。现以某品牌电动执行机构为例讲解三种操作方式。

（一）远程操作电动执行机构

顺时针旋转红色选择旋钮至就地位置 ，此时即可通过上位机对阀门的开关进行操作。开关阀过程中逆时针旋转红色选择旋钮至"STOP"执行机构立即停止运行。

（二）就地操作电动执行机构

逆时针旋转红色选择旋钮至就地位置 ，相邻黑色选择旋钮可进行开阀、关阀操作， 为开阀、 为关阀。开关阀过程中顺时针旋转红色选择旋钮至"STOP"执行机构立即停止运行。

（三）手动操作电动执行机构

逆时针旋转红色选择旋钮至就地位置 或"STOP"，拉动离合手柄同时旋转手轮以挂上离合器，然后松开手柄，手柄将自动弹回初始位置，手轮将保持啮合状态，直到执行器被电动操作，手轮才会自动脱离，回到电机驱动状态。

二、电动执行机构的故障判断

如今的电动执行机构大部分都具备自诊断功能，如果出现故障就会在其液晶显示屏上显示出报警。一般报警包括通用报警、电池报警、阀门报警、控制报警和执行器报警，可根据故障提示分析故障原因。如表 5-1 所示是常见报警及其对应原因。

表 5-1 报警故障

通用报警	通用报警图标：⚠	电池报警	电池报警图标：▯▬
阀门报警			
TORQUE TRIP CL	关阀方向运行时力矩跳断		
TORQUE TRIP OP	开阀方向运行时力矩跳断		
MOTOR STALLED	运行信号发出后电机未运行		
控制报警			
ESD AC TIVE	收到 ESD 信号。ESD 信号将超越所有就地及远程控制信号。在 ESD 信号保持期间，其他操作将被禁止		

续表 5-1

INTERLOCK AC TIVE	开阀和/或关阀连锁功能组态为开启,且收到连锁信号。在启动连锁的方向操作将被禁止
执行器报警	
THERMOSTAT TRIP	电机温度保护开关因电机内部线圈过热而跳断,电动操作将被禁止,直到电机冷却后温度保护开关自动复位后才可恢复操作。根据执行器的性能检查其运行条件(运行时间、力矩设定、环境温度)
24 V LOST	24 V 控制电源(4、5 端子)跳断,检查远程控制接线。电源可由自恢复保险保护
LOCAL CONTROL FAIL	检查就地控制旋钮(黑色和红色)
CONFIG ERROR	有可能存在组态(设定)错误,检查并重设基本设定和组态设定

若所使用的执行机构不具备自诊断功能,可根据表5-2 所示通用故障及处理方法来分析故障原因。

表 5-2　通用故障及处理方法

故障现象	故障分析	处理方法
执行器操作不动	电源是否接通	重新投上电源开关
	电源是否缺相	检查有无断路现象
	设置是否正确	重新设置参数
	开关力矩是否正确	重新设置参数
	是否和阀门开关方向一致	重新设置参数
执行器通电后远程控制无效	检查接线是否正确	按图纸重新接线,必要时校线
	远程信号是否提供	更换通道或更换卡件
	切换开关是否打到正确位置	打到正确位置
执行器通电后就地控制无效	操作方向是否正确	重新设定操作方向
	阀门是否卡死	联系机修人员处理
执行器只有一个方向会动	执行器方向设置是否正确	重新设置参数
	主控板逻辑错误	更换主板或更换电源板组件检查
执行器通电后空开跳闸	空气开关容量是不是够大	更换合适的空气开关
反馈信号出现故障信号	所选用的功能与集控室所显示的是否一致	重新设置参数
执行器通电后正常,动作一个方向后就不能动作	执行器开关方向是否设反	重新设置参数
	阀门是否卡死	联系机务处理
执行器通电后出现报警信号	原因很多	断电送电可以消除,检查执行器高级设置里面的出厂设置是否正确
执行器通电后出现开关指示灯和实际运行方向不一致	开关设定和实际运行方向不一致	重新设置参数
执行器动作时出现空转	手动切换后没有复位	转动手轮几圈再进行电动

第三节 气动执行机构

气动执行机构是以压缩空气或者氮气等为动力气源,使执行机构推动内部机械结构从而带动阀门动作的装置,气动执行机构的分类方式如图5-3所示。

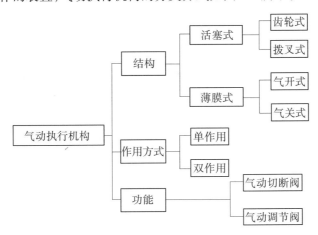

图5-3 气动执行机构的分类

一、依据执行机构的结构分类

依据执行机构的结构,气动执行机构分为活塞式和薄膜式。

(一)活塞式气动执行机构

现场常见的活塞式气动执行机构又分为齿轮式和拨叉式。

1.齿轮式

齿轮式气动执行机构有结构简单、动作平稳可靠,并且安全防爆等优点,在发电厂、化工、炼油等对安全要求较高的生产过程中有广泛的应用。齿轮式气动执行器外观及内部结构如图5-4所示。

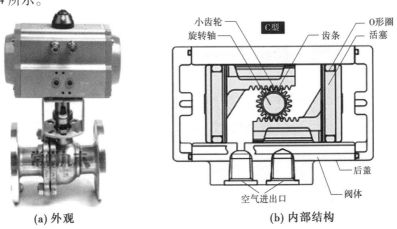

(a) 外观   (b) 内部结构

图5-4 齿轮式气动执行器外观及内部结构

2.拨叉式

拨叉式气动执行机构具有扭矩大、空间小,其扭矩曲线符合阀门的扭矩曲线等特点,常用在大扭矩的阀门上。拨叉式气动执行器外观及内部结构如图5-5所示。

(a) 外观　　　　　　　　　　　　(b) 内部结构

图 5-5　拨叉式气动执行器外观及内部结构

(二)薄膜式气动执行机构

薄膜式气动执行机构最为常用,它可以用作一般控制阀的推动装置,组成薄膜式气动执行器。薄膜式气动执行机构的信号压力 p 作用于膜片,使其变形,带动膜片上的推杆移动,使阀芯产生位移,从而改变阀的开度。它结构简单,价格便宜,维修方便,应用广泛。

薄膜式气动调节阀外观及内部结构如图5-6所示。

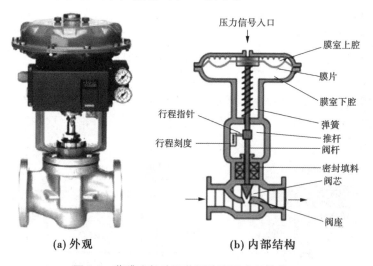

(a) 外观　　　　　　　　　　(b) 内部结构

图 5-6　薄膜式气动调节阀外观及内部结构

二、依据作用方式分类

依据作用方式的不同,气动执行机构分为单作用和双作用两种类型。

(1)SPRINGRETURN (单作用)执行器只有"开"或者"关",是气源驱动,相反的动作则由弹簧复位。

单作用气动执行机构如图 5-7 所示。

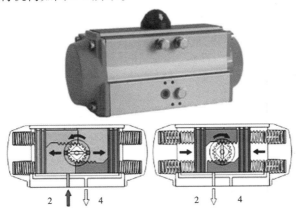

图 5-7 单作用气动执行机构

当气源压力从气口 2 进入汽缸两活塞之间中腔时,使两活塞分离向汽缸两端方向移动,迫使两端的弹簧压缩,两端气腔的空气通过气口 4 排出,同时使两活塞齿条同步带动输出轴(齿轮)逆时针方向旋转。

在气源压力经过电磁阀换向后,汽缸的两活塞在弹簧的弹力下向中间方向移动,中间气腔的空气从气口 2 排出,同时使两活塞齿条同步带动输出轴(齿轮)顺时针方向旋转(如果把活塞相对反方向安装,弹簧复位时输出轴即变为反向旋转)。

(2)执行器的开关动作都通过气源来驱动执行,叫作 DOUBLE ACTING(双作用)。

双作用气动执行机构如图 5-8 所示。

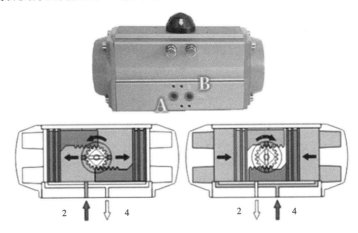

图 5-8 双作用气动执行机构

当气源压力从气口 2 进入汽缸两活塞之间中腔时,使两活塞分离向汽缸两端方向移动,两端气腔的空气通过气口 4 排出,同时使两活塞齿条同步带动输出轴(齿轮)逆时针方向旋转。反之,气源压力从气口 4 进入汽缸两端气腔时,使两活塞向汽缸中间方向移动,中间气腔的空气通过气口 2 排出,同时使两活塞齿条同步带动输出轴(齿轮)顺时针方向旋转(如果把活塞相对反方向安装,输出轴即变为反向旋转)。

三、根据现场阀门的功能要求分类

根据现场阀门的功能要求,气动执行机构分为气动切断阀和气动调节阀两大类。

气动切断阀只有"开""关"两种状态;气动调节阀可以调节阀门的开度大小。下面以这两大类展开来介绍。

(一)气动切断阀

1.结构

气动切断阀的主要结构如图5-9所示。

2.气动三联件

依进气方向,气动三联件分为空气过滤器、减压阀和油雾器,如图5-10所示。

图5-9　气动切断阀的主要结构

图5-10　气动三联件

(1)空气过滤器。滤去空气中的灰尘和杂质,并将空气中的水分分离出来,如图5-11所示。

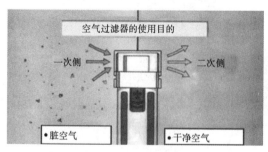

图5-11　空气过滤器

(2)减压阀。起减压和稳压作用,如图5-12所示。

(3)油雾器。当压缩空气流过时,它将润滑油喷射成雾状,随压缩空气一起流入需要润滑的部件,达到润滑的目的,如图5-13所示。

3.位置反馈开关

现场常用的位置反馈开关(见图5-14)是行程(限位)开关,通过行程(限位)开关可以反馈现场阀门的状态是 close(关)或 open(开)。

图 5-12　减压阀

图 5-13　油雾器

(a)外观

(b)内部结构

图 5-14　位置反馈开关

4.电磁阀

电磁阀的分类方式如下所述：

(1)按动作方式,电磁阀可以分为直动式和先导式两种。

①直动式电磁阀(见图 5-15)。线圈带电时,阀门打开流体通过。线圈停电时,阀门关闭,流体不能通过。

②先导式电磁阀(见图 5-16)。利用电磁先导阀输出的先导气压推动阀芯换向。

(2)按控制数,电磁阀可以分为单控和双控两种。

单控代表电磁阀的阀芯受一个线圈的控制,如图 5-17 所示。双控代表电磁阀的阀芯受两个线圈的控制,如图 5-18 所示。

(3)按切换通口数和阀芯的工作位置数,电磁阀可以分为两位两通、两位三通、两位四通、两位五通、三位三通、三位五通等。

位:阀芯共有几个工作位置;

通:电磁阀有几个通口。

几种常见的电磁阀类型如图 5-19 所示。

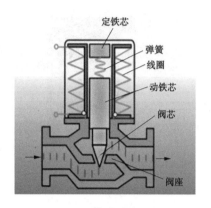

图 5-15　直动式电磁阀

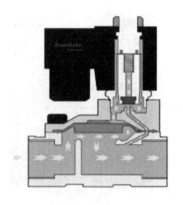

图 5-16　先导式电磁阀

图 5-17　单控电磁阀

图 5-18　双控电磁阀

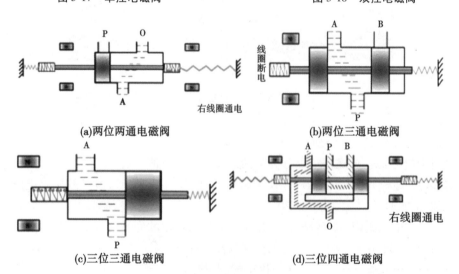

图 5-19　几种常见的电磁阀类型

　　常见的两位五通电磁阀外形、结构及工作原理分别如图 5-20、图 5-21 所示。

　　起始状态,1、2 口进气;4、5 口排气;线圈通电时,静铁芯产生电磁力,使先导阀动作,压缩空气通过气路进入阀先导活塞使活塞启动,在活塞中间,密封圆面打开通道,1、4 口进气,2、3 口排气;当断电时,先导阀在弹簧作用下复位,恢复到原来的状态。

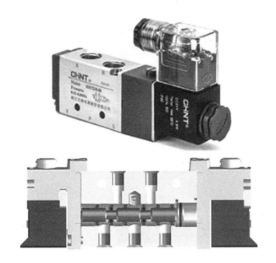

图 5-20　电磁阀的外形及结构

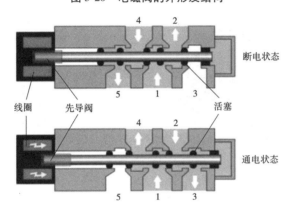

图 5-21　两位五通电磁阀的工作原理

5.其他附件

气动切断阀还经常配有其他附件,保证现场的气动阀实现快开、快关或其他功能。

1）快速泄压阀

快速泄压阀如图 5-22 所示。

当信号气压正常供气的时候,泄压侧被膜片紧紧盖住,气压能源源不断地通向气动头;当信号气压为零时,气动头内的气压反向顶开隔膜由多孔出口快速泄掉,使阀门在失气后快速回到安全位置。

2）气动放大器

气动放大器是接收安装在气动控制阀上的定位器的输出压力以相同压力给执行机构,机构输入大流量的气源加快控制阀动作速度的装置。气动放大器如图 5-23 所示。

定位器输出信号气压从上部进入放大器,压迫上膜片 A 产生向下推力 F_1,推动金属架 C 向下移动,迫使阀芯向下移,使输出气压发生改变,输出气压作用于下膜片 B 产生向上推力 F_2。因为上下膜片相等,所以在金属架 C 达到平衡时,$P_1 = P_2$。

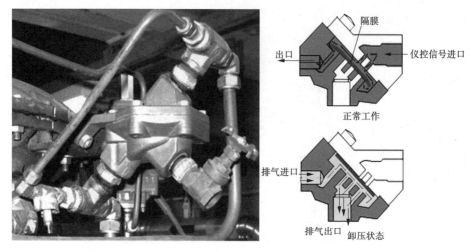

图 5-22　快速泄压阀

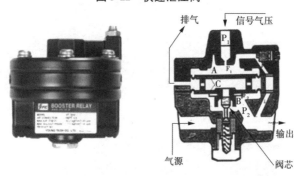

图 5-23　气动放大器

因此,定位器通过放大器输出到阀门执行机构的空气流量增加,而压力不变。当 P_1 减小,$P_2>P_1$ 时,金属架向上移动与阀塞之间产生间隙,气室 B 中空气从排气口排出;随后阀塞在回座弹簧的作用下向上移动,减小与气流室接触面之间的间隙,进气减少,气室 B 中压力减小,直到 $P_2=P_1$ 时达到平衡。

3)保位阀

保位阀如图 5-24 所示。

当压缩气源发生故障停止供气时,利用气动保位阀切断阀门控制通道,使阀门位置保持断气前的位置,以保证工艺过程的正常进行,直到系统中事故消除重新供气后气动保位阀才打开通道,恢复正常时的控制。

6.气动切断阀的工作原理

气动切断阀的工作原理(以单作用"有气源开阀"为例,见图 5-25)如下:

开阀:上位机点击"开阀",开阀信号通过通信线传输给 PLC 的 DO 模块,PLC 内部程序执行,DO 模块输出信号,KD 继电器线圈得电,KD 常开触头闭合,电磁阀线圈得电(DC 24 V),电磁阀阀芯动作,进气通道打开,仪表风通过电磁阀进气通道进入执行机构,为执行机构提供气源,执行机构进行开阀动作。

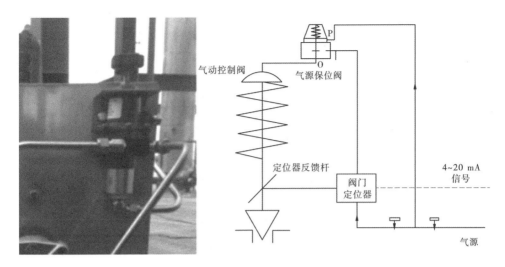

图 5-24 保位阀

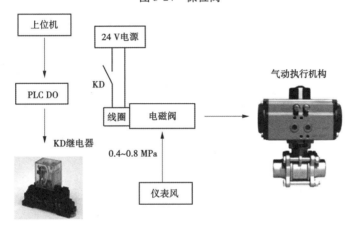

图 5-25 气动切断阀的工作原理示意图

关阀:上位机点击"关阀",关阀信号通过通信线传输给 PLC 的 DO 模块,PLC 内部程序执行,DO 模块停止输出,KD 继电器线圈失电,KD 常开触头复位断开,电磁阀线圈失电(DC 24 V),电磁阀阀芯动作,进气通道关闭,排气通道打开,在执行机构内部弹簧的作用下,执行机构内部汽缸的气源通过电磁阀排气通道排入大气,执行机构进行关阀动作。

双作用执行机构的开、关阀都依靠气源(仪表风)控制,气源的进与排同样通过上位机最终控制电磁阀来实现。

(二)气动调节阀

1.气动调节阀的结构

气动调节阀的结构与组成如图 5-26 所示。

带电气阀门定位器的执行机构如图 5-27 所示。带智能阀门定位器的执行机构如图 5-28所示。

气动调节阀的气动三联件(有的地方只需要过滤器和减压阀)和气动切断阀的一样,接下来介绍起调节作用的阀门定位器。

图 5-26　气动调节阀的结构与组成

图 5-27　带电气阀门定位器的执行机构

图 5-28　带智能阀门定位器的执行机构

2.阀门定位器

阀门定位器是调节阀的主要附件,与气动调节阀配套使用,它接收调节器的输出信号,然后以它的输出信号去控制气动调节阀,当调节阀动作后,阀杆的位移又通过机械装置反馈到阀门定位器,阀位状况通过电信号传给上位系统。

阀门定位器按其结构形式和工作原理可以分成气动阀门定位器、电气阀门定位器和智能式阀门定位器。

1)气动阀门定位器

气动阀门定位器的外观及结构如图 5-29、图 5-30 所示。

当通入波纹管的信号压力增加时,杠杆 2 绕支点转动,挡板靠近喷嘴,喷嘴背压经放大器放大后,送入薄膜执行机构气室,使阀杆向下移动,并带动反馈杆(摆杆)绕支点转动,连接在同一轴上的反馈凸轮(偏心凸轮)也跟着做逆时针方向转动,通过滚轮使杠杆 1 绕支点转动,并将反馈弹簧拉伸、弹簧对杠杆 2 的拉力与信号压力作用在波纹管上的力达

图 5-29 气动阀门定位器的外观

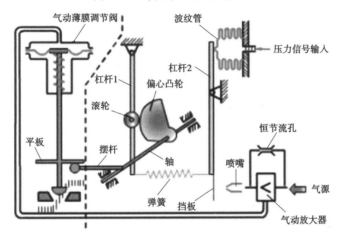

图 5-30 气动阀门定位器的结构

到力矩平衡时仪表达到平衡状态。此时,一定的信号压力就与一定的阀门位置相对应。

2)电气阀门定位器

电气阀门定位器的外形及内部结构、结构原理分别如图 5-31、图 5-32 所示。

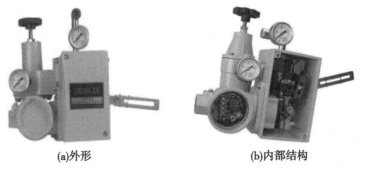

(a)外形　　　　　　　　(b)内部结构

图 5-31 电气阀门定位器的外形及内部结构

控制器输出的电流信号通过力矩马达转换为力信号,对主杠杆产生一个输入力 F,这个输入力使主杠杆产生一个逆时针旋转的力矩,使挡板靠近喷嘴,喷嘴背压增加,经功率放大器放大后进入执行机构的薄膜气室,使推杆向下动作;推杆的位移经反馈杆反馈到反馈凸轮上,使反馈凸轮逆时针旋转,通过滚轮使副杠杆顺时针旋转,从而对主杠杆产生一

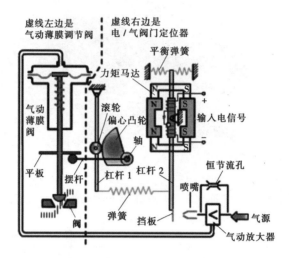

图 5-32　电气阀门定位器的结构原理

个反馈力。该反馈力使主杠杆产生一个顺时针旋转的反馈力矩,当输入力矩和反馈力矩相平衡时,喷嘴—挡板机构的位移稳定,则推杆的位移确定,实现了输入信号与推杆位移的一一对应关系。

3)智能式阀门定位器

智能式阀门定位器的结构原理如图 5-33 所示。

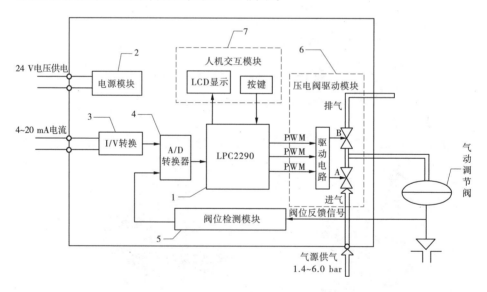

图 5-33　智能式阀门定位器的结构原理

4~20 mA 电流信号与阀位信号进行比较,经 CPU 算法处理后,输出相应的阀位控制信号。电气转换模块利用压电阀将电压信号转换成气压信号,驱动调节阀运动。

3.气动调节阀的工作原理

工作原理(以带电气阀门定位器的气动调节阀为例,见图 5-34):在监控画面上输入相应的"开度"控制信号,管道上的压力变送器将采取的压力信号传输给 PLC,PLC 程序执行,去计算偏差值。当设定信号大于阀位反馈时,输出气源压力增大,执行机构气室压力增加,使阀门开度增加,减小二者偏差;如设定信号小于阀位反馈,则输出气源压力减小,执行机构气室压力减小,使阀门开度减小,二者偏差减小,最终达到平衡,阀门实现相应的开度。

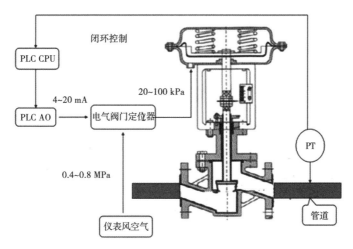

图 5-34　气动调节阀的工作原理

(三)气开阀、气关阀

1.气开阀、气关阀的特性

无论是气动切断阀还是气动调节阀,在工作现场都有气开和气关两种选择。

顾名思义,气开阀是指用仪表空气向执行机构内充压时,阀门开启;当执行机构将其内的仪表空气卸掉时则阀门关闭,用 FC 表示(也指故障关)。

反之,气关阀是指用仪表空气向执行机构内充压时,阀门关闭;当执行机构将其内的仪表空气卸掉时则阀门开启,用 FO 表示(也指故障开)。

之所以有这两种开启方式,是因为工艺系统有时会发生气源故障断掉的情况,此时根据工艺流程的需要,有的阀要开(如切断阀),有的阀要关(如放空阀),这样设计人员就在流程设计时根据需要而采用气开阀或气关阀。

因此,气开、气关的选择是根据工艺生产的安全角度出发来考虑的,当气源切断时,阀是处于关闭位置安全还是开启位置安全。合理选择阀的作用方式,对确保生产安全、提高产品质量和减少经济损失是至关重要的。

2.阀的几种组合形式(以薄膜式气动调节阀为例)

执行器是由执行机构和控制机构配合使用的。

(1)执行机构有正作用和反作用之分。信号压力从膜片上方进入的为正作用执行机构,如图 5-35(a)所示;信号压力从膜片下方进入的为反作用执行机构,如图 5-35(b)所示。

(2)调节阀的阀芯有正装和反装之分。阀芯下移,阀开度减小,即为正装;阀芯下移,阀开度增加,即为反装。

(3)执行机构和调节阀的组合有以下几种:

(a)正作用执行机构　　　　(b)反作用执行机构

图 5-35　执行机构

组合 1:执行机构正作用,调节阀阀芯正装,信号增加时,阀关,为气关阀,见图 5-36(a)。
组合 2:执行机构正作用,调节阀阀芯反装,信号增加时,阀开,为气开阀,见图 5-36(b)。
组合 3:执行机构反作用,调节阀阀芯正装,信号增加时,阀开,为气开阀,见图 5-36(c)。
组合 4:执行机构反作用,调节阀阀芯反装,信号增加时,阀关,为气关阀,见图 5-36(d)。

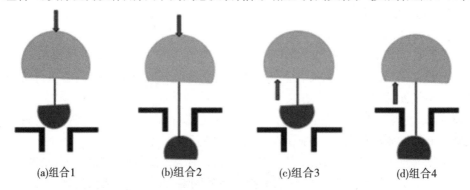

(a)组合1　　　(b)组合2　　　(c)组合3　　　(d)组合4

图 5-36　执行机构和调节阀的组合

第四节　气动执行机构的故障判断及处理

一、气动切断阀的故障判断及处理

(1)利用电脑操作阀门后,现场无反应。该故障处理流程如图 5-37 所示。

(2)操作工在电脑上打开或关闭阀门后,电脑上无反馈信号。该故障处理流程如图 5-38所示。

(3)操作工反映阀门开不全或关不死。该故障处理流程如图 5-39 所示。

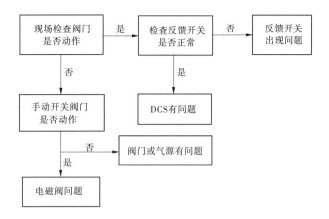

图 5-37　"电脑操作阀门后,现场无反应"的故障分析

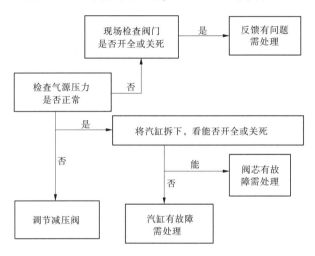

图 5-38　"操作阀门,电脑上无反馈信号"的故障分析

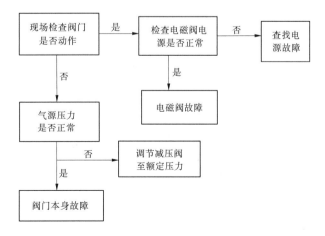

图 5-39　"阀门开不全或关不死"的故障分析

二、气动调节阀的故障判断及处理

(一)故障一:调节阀不动作

1.主要原因

(1)首先确认气源压力是否正常,查找气源故障。

(2)如果气源压力正常,则判断定位器或电气转换器的放大器有无输出;若无输出,则放大器恒节流孔堵塞,或压缩空气中的水分聚积于放大器球阀处。用小细钢丝疏通恒节流孔,清除污物或清洁气源。

(3)膜片裂损、膜片漏气、膜片推力减小。

(4)阀芯与阀座或套筒卡死、阀杆弯曲等原因使调节阀不能动作。

2.解决办法

(1)处理气源问题。

(2)拆开膜头,检查发现膜片损坏时,应修补膜片或更换膜片。

(3)检查阀芯与阀座或套筒的间隙配合情况,阀芯的外表面与套筒之间有划伤时,应车削打磨处理光滑为止。

(4)检查阀杆是否弯曲,弯曲不严重时应在平台上打表矫直;若弯曲度超差,应及时更换阀杆。

(二)故障二:调节阀动作正常,但不起调节作用

1.主要原因

(1)阀芯脱落,此时,虽然阀杆动作正常,但阀芯不动,因此无调节作用。

(2)管道堵塞,也会出现调节阀不起调节作用的现象。

2.解决办法

(1)拆件阀体,检查阀芯是否脱落,并查找脱落的原因,给予相应的修理。

(2)拆检调节阀时,若发现管道堵塞,应及时联系生产工艺车间给予清理和疏通。

(三)故障三:调节阀动作迟钝或阀杆抖动

1.主要原因

(1)密封填料老化或干枯,使阀杆与填料的摩擦增大会造成动作迟钝或抖动。

(2)填料长期不更换,填料内进入硬物,划伤阀杆后,造成阀杆抖动。

(3)阀杆或因阀体内含有黏性大的介质等物料堵塞等情况而引起调节阀误动作。

2.解决办法

(1)调节阀应根据装置的检修计划或装置的间歇停车,及时对调节阀做出相应的检修计划予以解体检查或下线检修,检查或检修时应根据填料情况及时更换填料。

(2)若检查阀杆有轻微划伤,应用油石修磨光滑。若阀杆划伤严重,要及时更换阀杆。

(3)解体检查发现阀杆或因阀体内含有黏性大的介质等物料堵塞时,应根据物料选择蒸汽、水等办法来清除堵塞的物料。

（四）故障四：阀芯、阀座的严重腐蚀或阀芯、阀座间有硬物垫住损伤密封面

1.主要原因

阀芯、阀座的严重腐蚀或因阀芯、阀座间有硬物垫住损伤密封面，会造成介质的大量泄漏，这是调节阀常见的故障之一。

2.解决办法

（1）通常通过拆检该阀，对严重腐蚀的阀芯、阀座进行堆焊硬质合金的办法或通过直接更换阀芯、阀座等内件的办法恢复该阀原来的密封效果。

（2）当发现该阀拆检后的阀芯、阀座间有硬物垫住损伤密封面时，应通过车削密封面和研磨的方法来恢复该阀原来的密封效果。

（五）故障五：阀门定位器的故障

1.电气阀门定位器的故障

普通定位器采用机械式力平衡原理工作，即喷嘴挡板技术，主要存在以下故障类型：

（1）因采用机械式力平衡原理工作，其可动部件较多，易受温度、振动的影响，造成调节阀的波动。

（2）采用喷嘴挡板技术，由于喷嘴孔很小，易被灰尘或不干净的气源堵住，使定位器不能正常工作。

（3）采用力的平衡原理，弹簧的弹性系数在恶劣现场会发生改变，造成调节阀非线性导致控制质量下降。

2.智能定位器的故障

智能定位器由微处理器（CPU）、A/D、D/A转换器等部件组成，其工作原理与普通定位器截然不同，给定值和实际值的比较纯是电动信号，不再是力平衡。因此，能够克服常规定位器的力平衡的缺点。

但在用于紧急停车场合时，如紧急切断阀、紧急放空阀等，这些阀门要求静止在某一位置，只有紧急情况出现时，才需要可靠地动作，长时间停留在某一位置，容易使电气转换器失控造成小信号不动作的危险情况。

3.解决办法

此外，用于阀门的位置传感电位器由于工作在现场，电阻值易发生变化，造成小信号不动作、大信号全开的危险情况。因此，为了确保智能定位器的可靠性和可利用性，必须对它们进行频繁的测试。

因此，要想取得理想的调节效果，必须使调节阀与定位器配合好，应用阀门定位器以提高调节阀的定位精度及工作可靠性，确保调节质量。

【职业技能】

工作任务 11　电动执行机构的控制

本工作任务完成对现场电动执行机构的控制，并将电动执行机构的相关状态通过上位机显示出来。电动执行机构的控制信号一般有两个：开信号（OP）和关信号（CL）。反馈信号一般有四个：远程就地、开到位、关到位、故障。本工作任务以某品牌电动执行机构

为例完成相关控制与反馈。

一、硬件连接

按照图 5-40、图 5-41 完成执行机构接线端子与 PLC 之间的线路连接,并为执行机构提供三相交流电源。

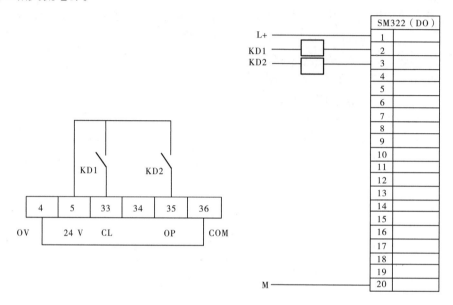

图 5-40 控制信号接线图

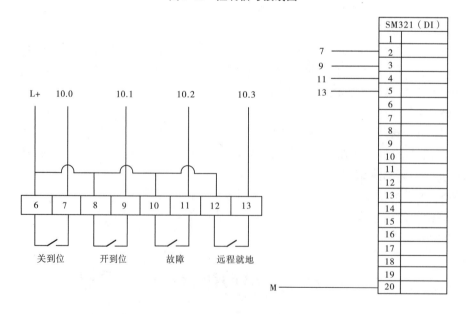

图 5-41 反馈信号接线图

二、PLC 编程

完成 PLC 的通信设置、项目新建与硬件配置,然后编写如图 5-42 所示梯形图。

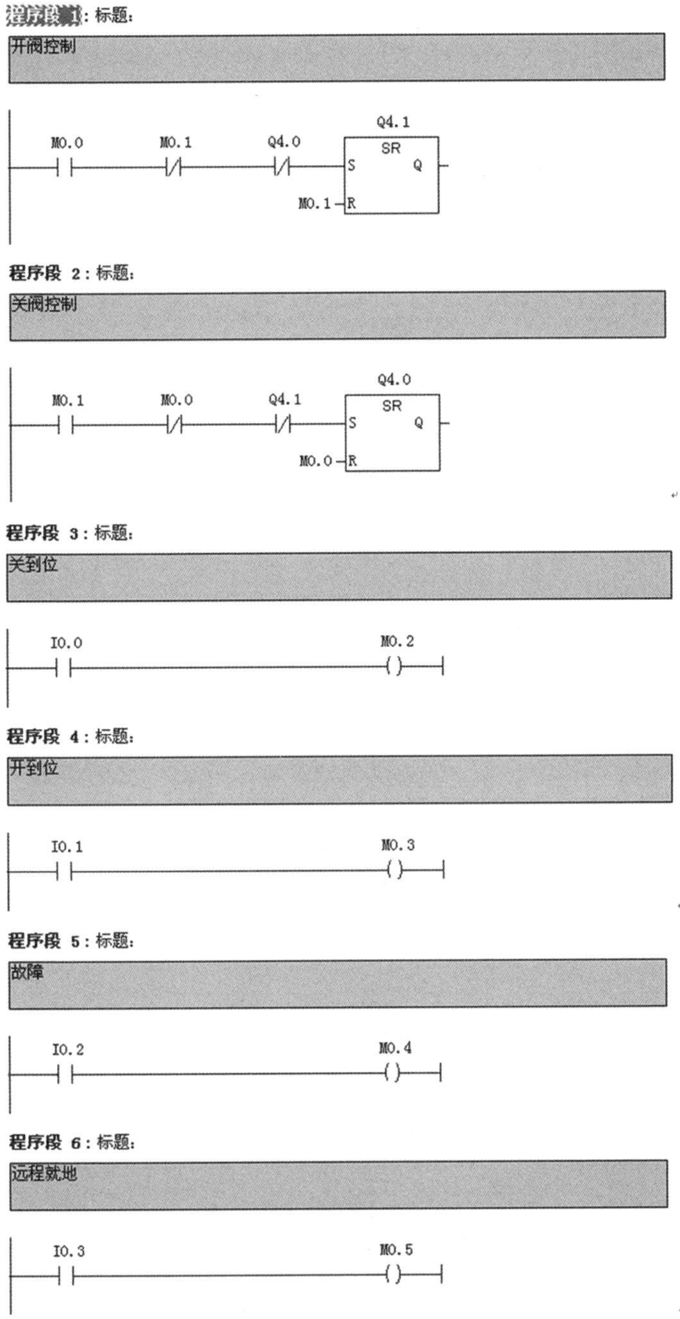

程序段 1:标题:

开阀控制

```
       M0.0        M0.1        Q4.0          Q4.1
   ──┤ ├──────┤/├──────┤/├──────┌─────────┐
                                  │   SR    │
                                S─┤         ├─Q
                          M0.1─R─┤         │
                                  └─────────┘
```

程序段 2:标题:

关阀控制

```
       M0.1        M0.0        Q4.1          Q4.0
   ──┤ ├──────┤/├──────┤/├──────┌─────────┐
                                  │   SR    │
                                S─┤         ├─Q
                          M0.0─R─┤         │
                                  └─────────┘
```

程序段 3:标题:

关到位

```
       I0.0                              M0.2
   ──┤ ├───────────────────────────────( )──
```

程序段 4:标题:

开到位

```
       I0.1                              M0.3
   ──┤ ├───────────────────────────────( )──
```

程序段 5:标题:

故障

```
       I0.2                              M0.4
   ──┤ ├───────────────────────────────( )──
```

程序段 6:标题:

远程就地

```
       I0.3                              M0.5
   ──┤ ├───────────────────────────────( )──
```

图 5-42 电动执行机构控制梯形图

三、组态编程

(一)编写数据词典

根据图 5-43~图 5-48 所示,定义以下变量:开、关、关到位、开到位、故障、远程。

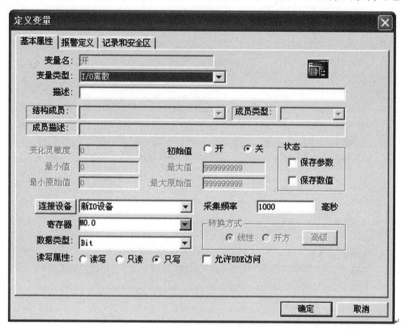

图 5-43　数据词典(1)

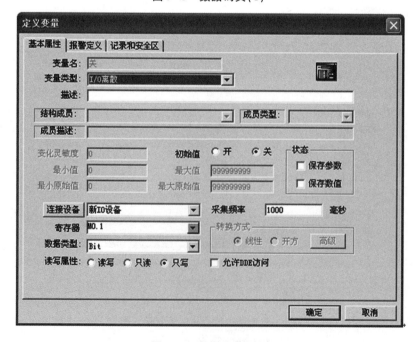

图 5-44　数据词典(2)

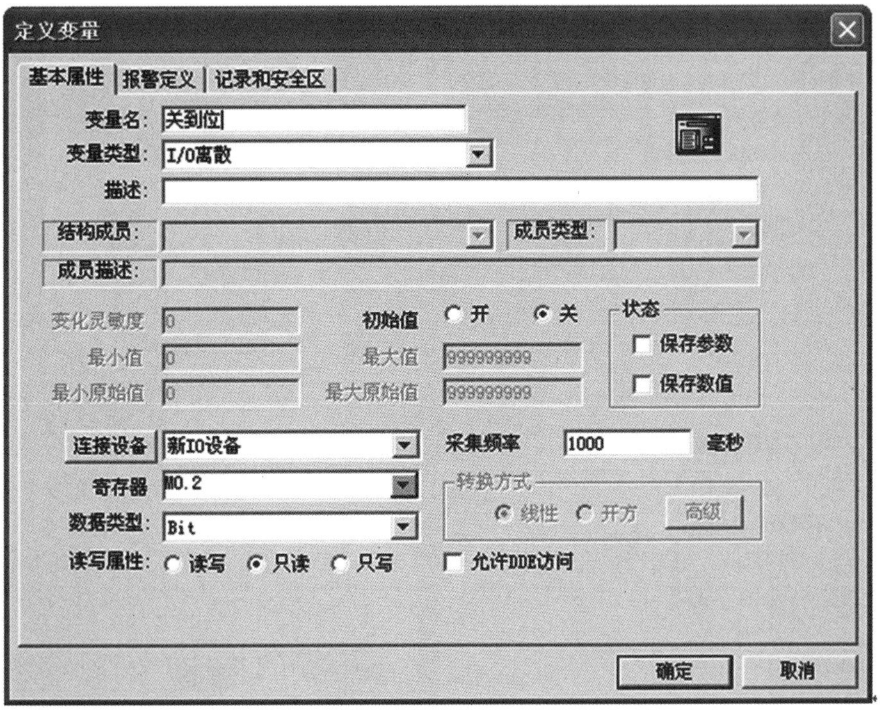

图 5-45　数据词典(3)

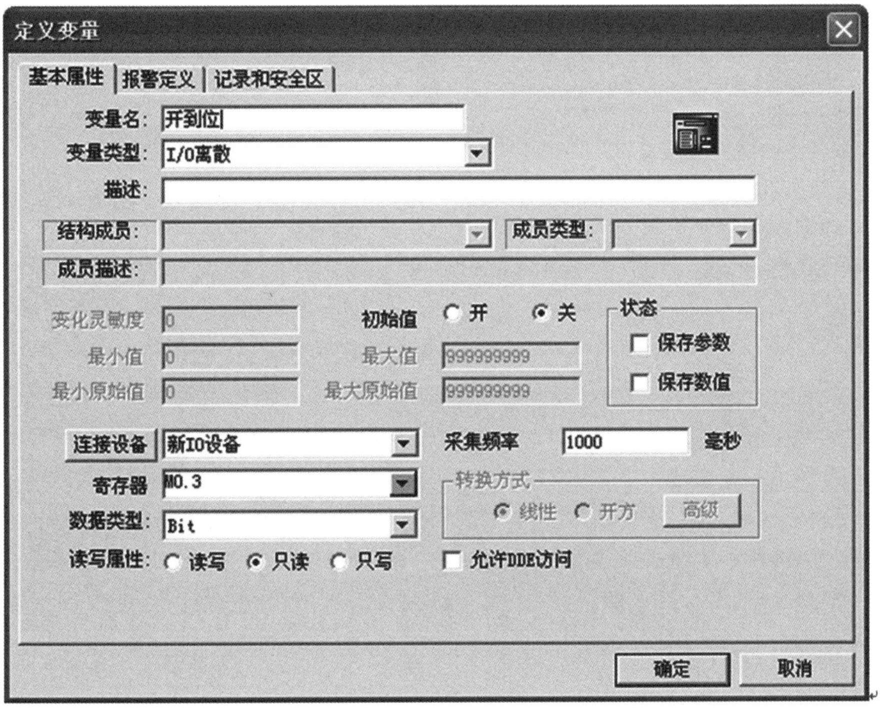

图 5-46　数据词典(4)

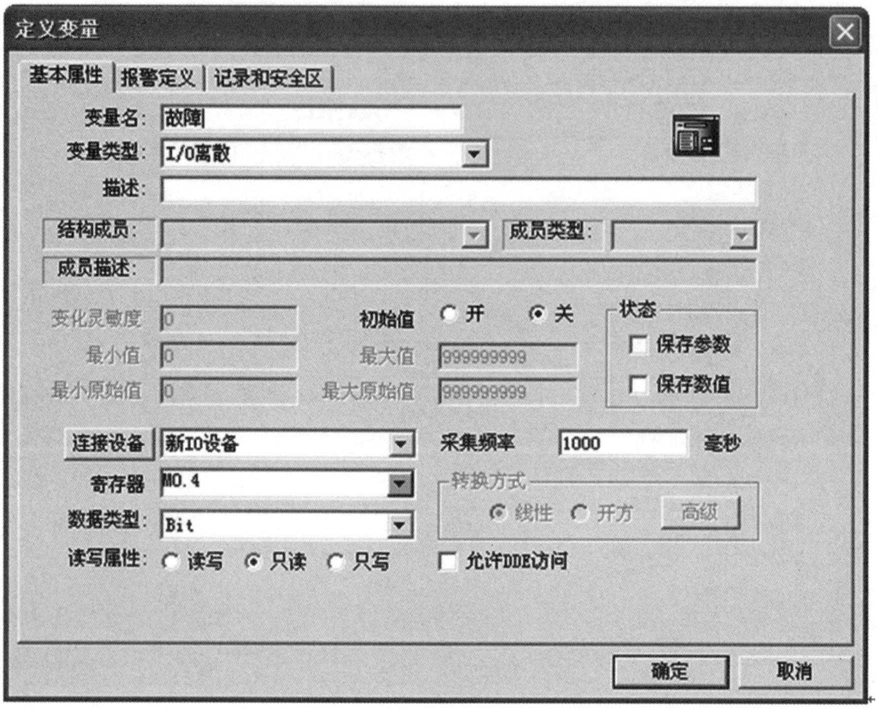

图 5-47　数据词典(5)

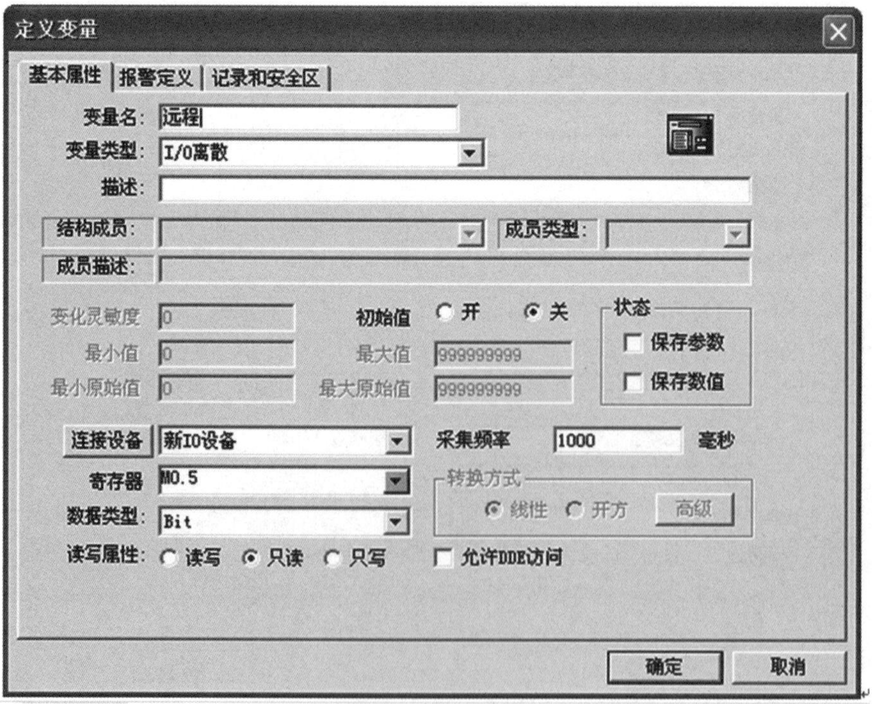

图 5-48　数据词典(6)

(二)画面组态

按照如图 5-49 所示画面进行编辑。

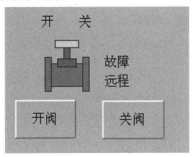

图 5-49　画面组态

(1)使用工具箱(见图 5-50)的按钮工具画出两个按钮,并在按钮上单击右键进行字符串替换。将字符串替换为"开阀"和"关阀"。

(2)使用工具箱中的文本工具分别编辑文本:"开""关""故障""远程"。

(3)在菜单栏中选择"打开图库",从图库(见图 5-51)中选择一个阀门放在画面中。

(三)数据连接

(1)双击"开阀"按钮,打开"动画连接"窗口,如图 5-52 所示。

(2)单击"命令语言连接"框中"按下时"按钮,在弹出的对话框中输入指令:"\\本站点\开阀按钮=1"。其中"开阀按钮"需通过图中的"变量[.域]"按钮来选择,如图 5-53 所示。

图 5-50　工具箱

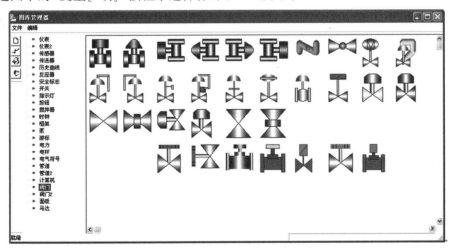

图 5-51　图库

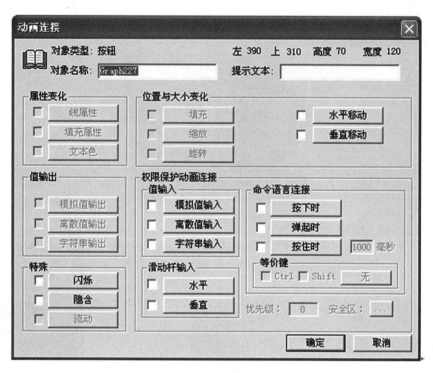

图 5-52　数据连接(1)

图 5-53　数据连接(2)

（3）单击"弹起时"按钮,在弹出的对话框中输入指令:"\\本站点\开阀按钮=0"。同样"开阀按钮"需通过图中的"变量[.域]"按钮来选择,如图5-54所示。

图 5-54 数据连接（3）

（4）用同样的方法对"关阀"按钮进行设置,设置过程中将变量全部修改为"关阀按钮"。

（5）四个显示文本均通过"隐含"来实现功能。下面以"开到位"为例进行介绍,其他三个文本的操作方法与"开到位"一致。双击"开到位"→单击"隐含"→选择变量,如图5-55、图5-56所示。

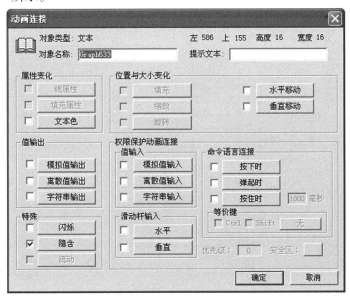

图 5-55 数据连接（4）

图 5-56　数据连接(5)

(四)运行调试

单击右键选择"切换到 View",将进入组态运行界面,依次点击菜单栏的"画面"→"打开",在对话框中选择已编辑的画面名称,依次按下"开阀""关阀"按钮观察执行机构是否正常动作,并验证上位机"开""关""远程""故障"显示是否正常。

工作任务 12　气动切断阀的控制

本工作任务完成对现场气动切断阀的控制。PLC 通过控制电磁阀的方式来控制通入执行机构气源的通断,并通过现场的位置反馈开关将开关到位信号反馈到 PLC。

一、硬件连接

按照图 5-57 完成继电器、电磁阀、位置反馈开关与 PLC 之间的线路连接。

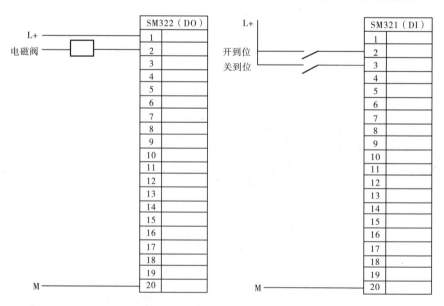

图 5-57　线路连接

二、PLC 编程

完成 PLC 的通信设置、项目新建与硬件配置,然后编写如图 5-58 所示梯形图。

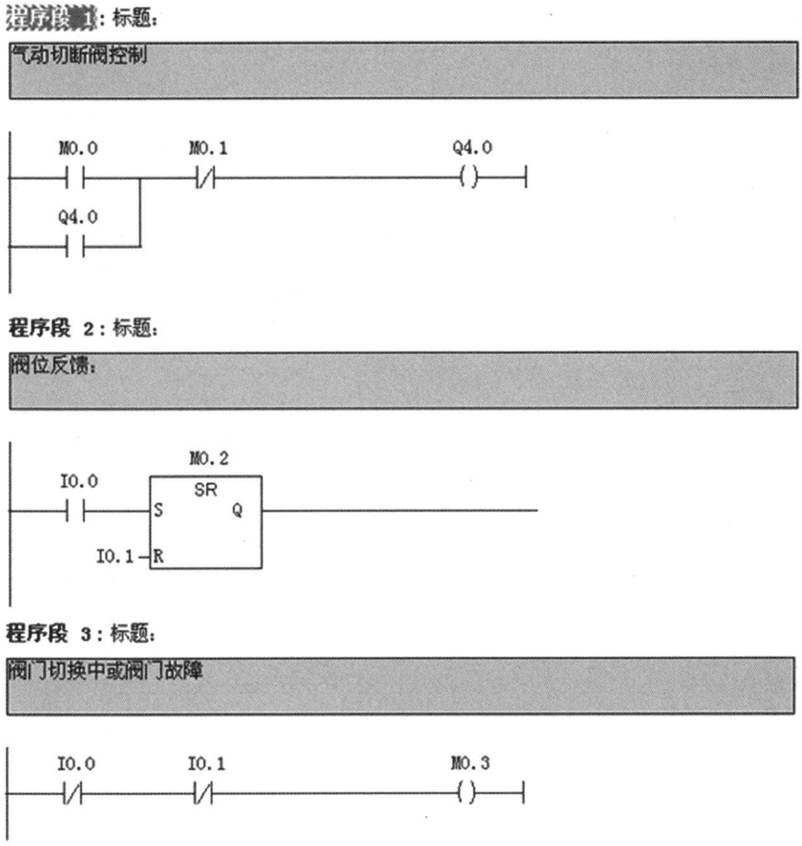

图 5-58 气动切断阀控制梯形图

三、组态编程

(一)数据词典
根据图 5-59~图 5-62 所示,定义以下变量:开阀按钮、关阀按钮、阀位、切换中。

(二)画面组态
使用工具栏中的按钮工具以及菜单栏中的图库,编辑如图 5-63 所示画面。

(三)数据连接
(1)采用之前讲到过的方法对"开阀"按钮和"关阀"按钮进行数据连接。

(2)双击画面中的阀门图形,将会弹出"阀门"对话框,在"变量名(离散量)"处选择变量"\\本站点\阀位"。点击"闪烁",在"闪烁条件"处选择变量"\\本站点\切换中",如图 5-64 所示。

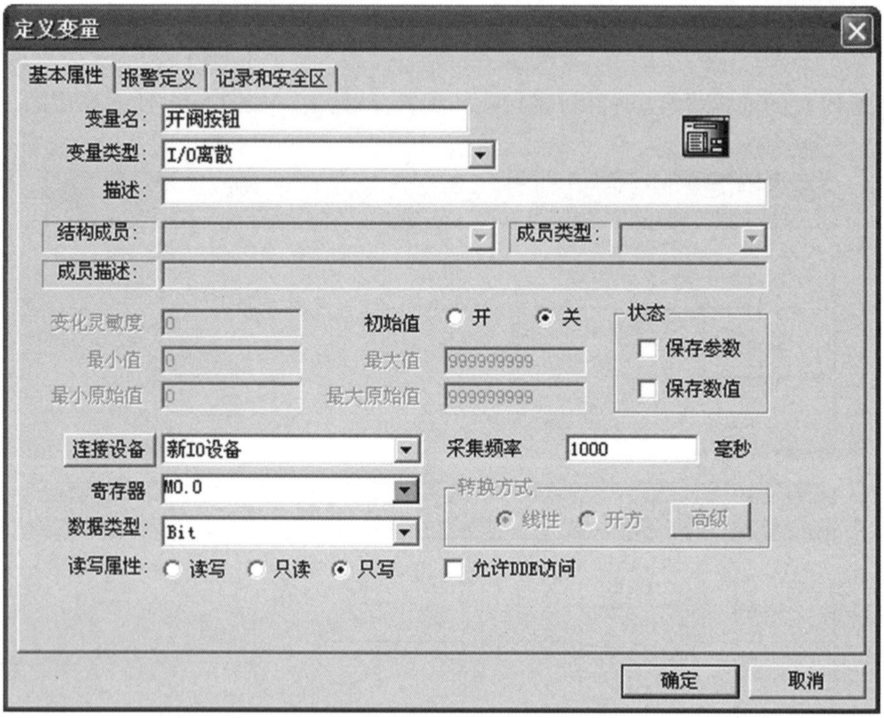

图 5-59 数据词典(1)

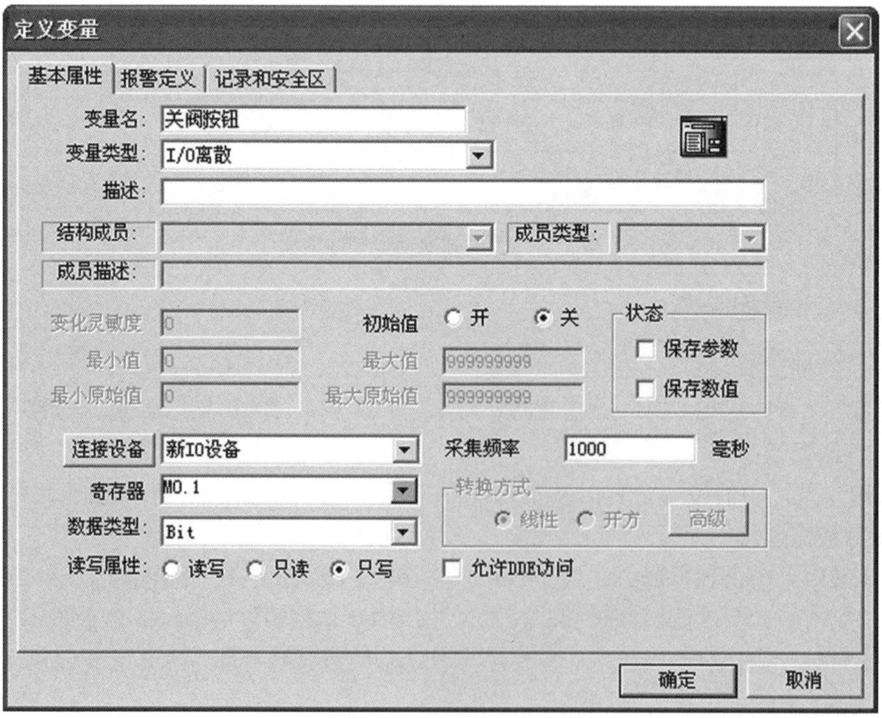

图 5-60 数据词典(2)

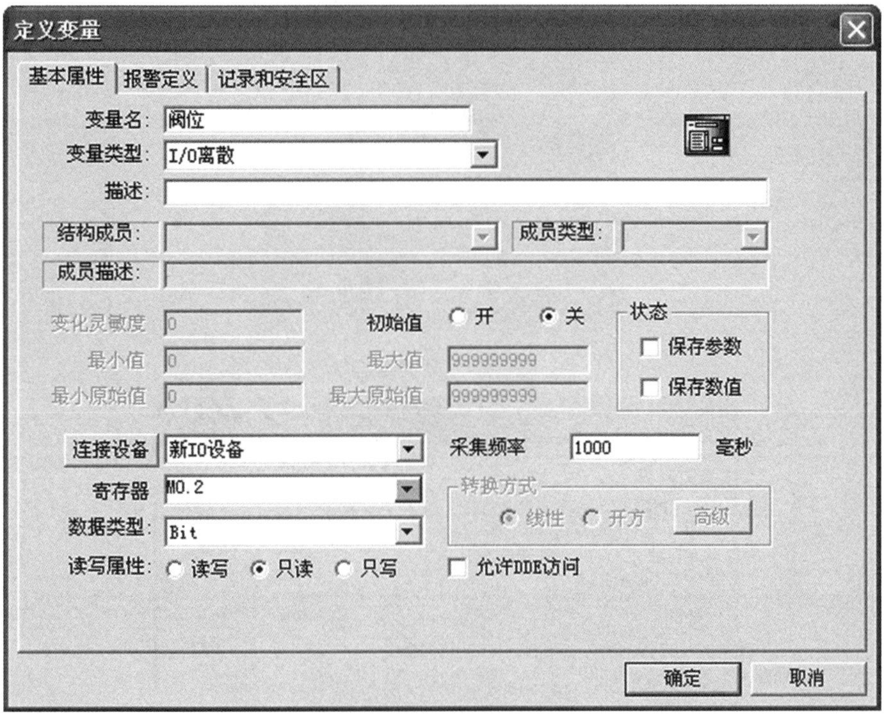

图 5-61　数据词典(3)

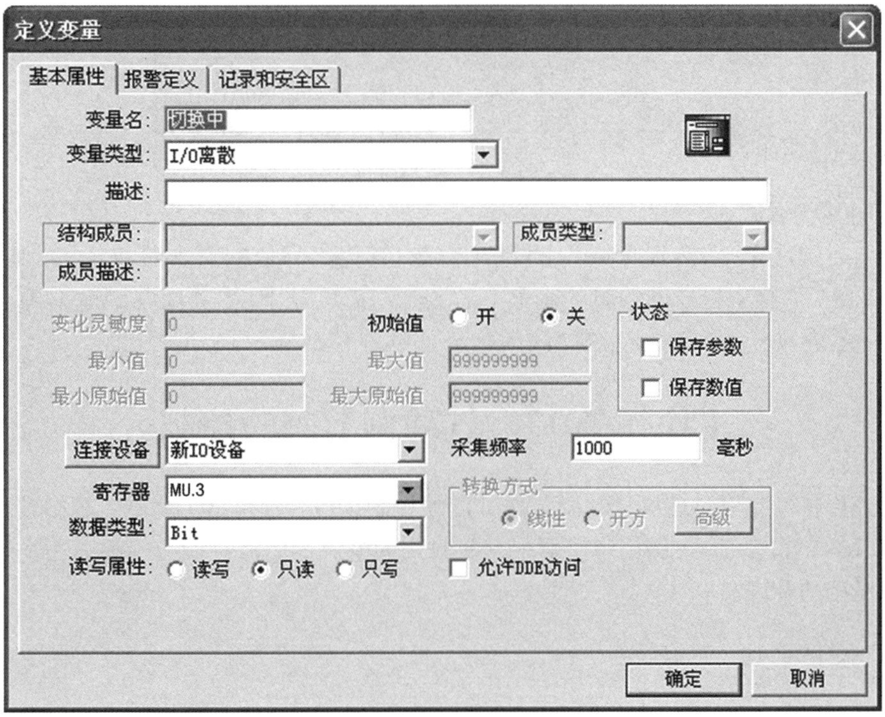

图 5-62　数据词典(4)

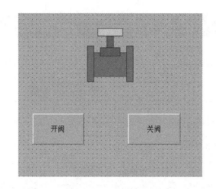

图 5-63　画面组态

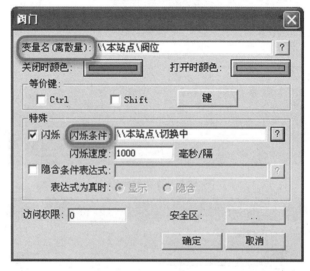

图 5-64　数据连接

(四)运行调试

单击右键选择"切换到 View",将进入组态运行界面,依次点击菜单栏的"画面"→
"打开",在对话框中选择已编辑的画面名称,依次按下"开阀""关阀"按钮,观察气动切
断阀是否正常动作,并验证上位机"阀门状态""远程""故障"显示是否正常。

工作任务 13　气动调节阀的控制

本工作任务完成对现场气动调节阀开度的控制。PLC 通过 AO 模块向阀门定位器发
送4~20 mA 的电流信号,阀门定位器根据接收到的电流大小通过调节气源压力的方式调
节执行机构的开度。

一、硬件连接

按照图 5-65 完成阀门定位器与 PLC 之间的线路连接,并为阀门定位器提供仪表风
气源。

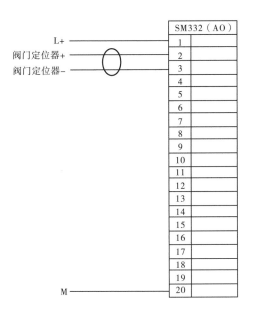

图 5-65 电路接线图

二、PLC 编程

(一)硬件设置

在硬件设置时,需对 AO 模块进行设置。在硬件组态界面下,双击 AO 模块,将会弹出如图 5-66 所示对话框,修改"输出类型"为"I"和"输出范围"为电流"4~20 mA"。

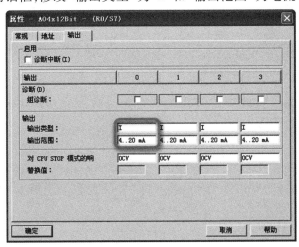

图 5-66 硬件设置

(二)编写梯形图

由图 5-67 可以看出,AO 模块的起始地址为 304。

因此,第一组端口的地址为 PQW304。梯形图编写如图 5-68 所示。

插..	模块	...	订..	固..	M..	I 地址	Q 地址	注释
1	PS 307 5A		6ES7					
2	CPU 312		6ES7	V2.0	2			
3								
4	DI16xDC24V		6ES7			0...1		
5	DO16xDC24V/0.5A		6ES7				4...5	
6	AI8x12Bit		6ES7			288...303		
7	AO4x12Bit		6ES7				304...311	
8								
9								
10								
11								

图 5-67　模块对应地址

图 5-68　气动调节阀控制梯形图

三、组态编程

(一) 编写数据词典

根据图 5-69 所示，定义"变量名"为"阀门开度"。

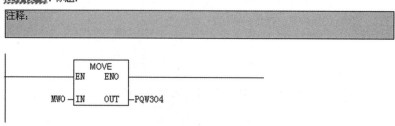

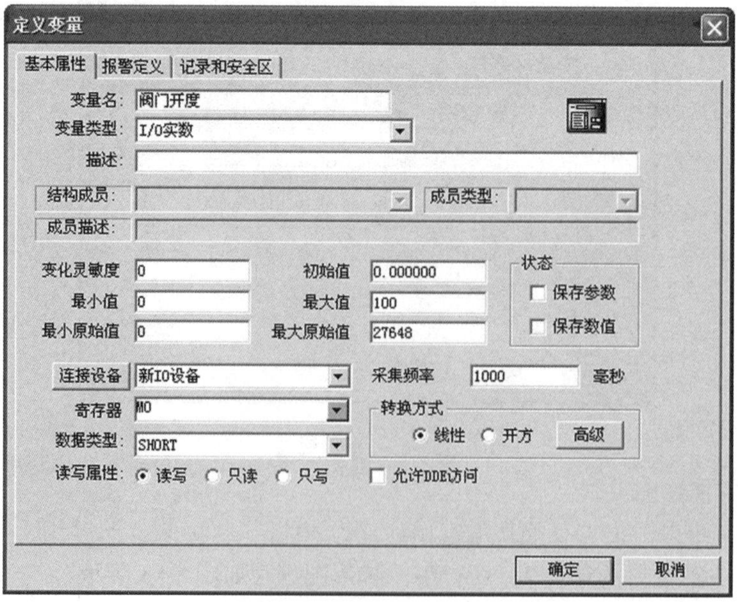

图 5-69　数据词典

（二）画面组态

按照如图 5-70 所示画面进行编辑。

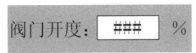

图 5-70　画面组态

（三）数据连接

（1）双击"###"，打开"动画连接"窗口，如图 5-71 所示。

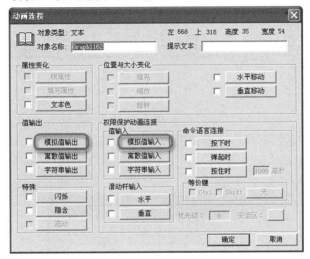

图 5-71　数据连接（1）

（2）点击"模拟值输出"，在"模拟值输出连接"对话框中选择变量"\\本站点\阀门开度"，如图 5-72所示。

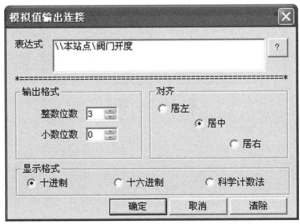

图 5-72　数据连接（2）

（3）点击"模拟值输入"，在"模拟值输入连接"对话框中选择变量"\\本站点\阀门开度"，如图 5-73所示。

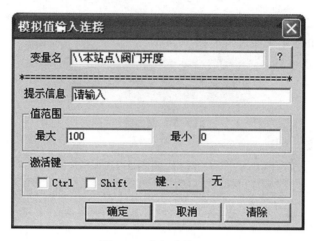

图 5-73　数据连接(3)

(四)运行调试

　　单击右键选择"切换到 View",将进入组态运行界面,依次点击菜单栏的"画面"→"打开",在对话框中选择已编辑的画面名称,单击画面中的阀门开度数值,将会弹出"数据输入"对话框。在对话框中输入"50",点击"确定",如图 5-74 所示,观察阀门是否动作。

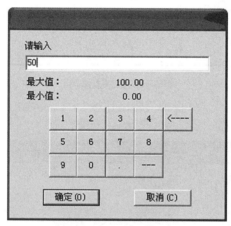

图 5-74　运行调试

2 电工仪表与供配电系统

电气设备的运行离不开电力的支持,无论是生产还是生活,电能的重要性不言而喻。本部分将详细介绍常用电工仪表的使用和用电安全的基本知识,围绕供配电系统,介绍常见的电力设备及其日常操作维护。

第六章　电工仪表的使用

专业电气仪表维修工在电气装置安装、调试、运行、检查和维修中经常要测量电流、电压、电能、电阻等运行参数和性能参数,以判断其安全状态。因此,电气仪表维修工应掌握常用电工仪表的使用和操作注意事项。

第一节　电工仪表基本知识

一、电工仪表种类

按照工作原理,电工仪表可分为磁电式、电磁式和电动式三种。

(一)磁电式

(1)磁电式仪表的固定部分是永久磁铁,可动部分是一组线圈,如图6-1所示。

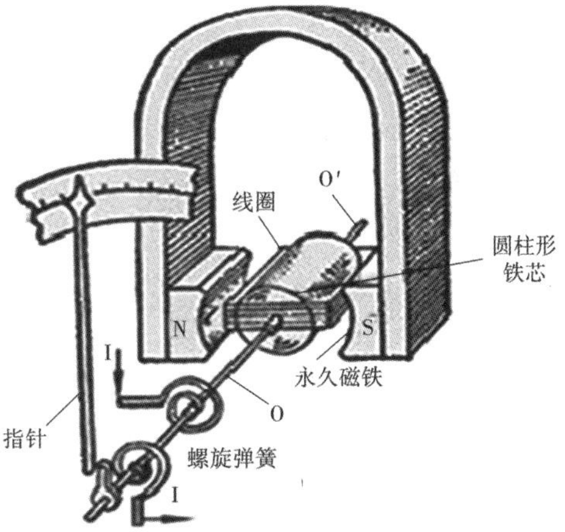

(2)特点:①刻度盘分布均匀;②灵敏度和精确度高;③只能用来测直流(测交流必须加整流器);④过载能力较小。

(3)磁电式仪表多用来制作携带式电压表、电流表等。

图6-1　磁电式仪表内部结构

(二)电磁式

(1)电磁式仪表的固定部分是线圈和线圈内部的静铁片,可动部分是可动铁片与转轴相连,如图6-2所示。

(2)特点:①过载能力强;②可直接用于交流、直流测量;③精度较低;④刻度盘分布不均。

(3)电磁式仪表多用来制作配电柜用电压表、电流表等。

(三)电动式

(1)电动式仪表的固定部分是线圈,可动部分亦是线圈,如图6-3所示。

(2)特点:①可直接用于交流、直流测量;②精度较高;③刻度盘分布不均。

(3)电动式仪表多用来制作功率表、功率因数表等。

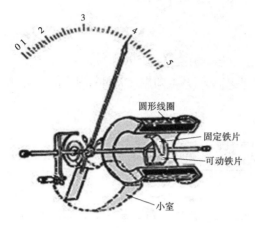

图 6-2　电磁式仪表内部结构

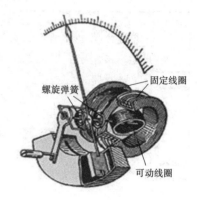

图 6-3　电动式仪表内部结构

二、电工仪表的精确等级

按精确度等级可分为 0.1、0.2、0.5、1.0、1.5、2.5 和 4.0 共 7 个等级。精确度较高(0.1、0.2、0.5)的仪表常用来进行精密测量或校正其他仪表。

绝对误差 $= \Delta A = A_{测} - A_{真}$

相对误差 $= (A_{测} - A_{真})/A_{真} \times 100\% = \Delta A/A_{真} \times 100\%$

引用误差 $= (A_{测} - A_{真})/(L_{上限} - L_{下限}) \times 100\% = \Delta A/(L_{上限} - L_{下限}) \times 100\%$

【例 6-1】　电阻真实值为 100 Ω,电阻测量值为 100.5 Ω,电阻表量程为 0~200 Ω。

解: 引用误差 $= (100.5 - 100)/(200 - 0) \times 100\% = 0.25\%$。

三、电工仪表常用符号

常用电工仪表符号如表 6-1 所示。

表 6-1　常用电工仪表符号

符号	符号内容	符号	符号内容
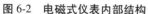	磁电式仪表	1.5	仪表准确度等级1.5级
	电磁式仪表	‖‖‖	外磁场防护等级Ⅲ级
	电动式仪表	☆2	耐压等级2 kV
	整流磁电式仪表		水平安装使用

续表 6-1

符号	符号内容	符号	符号内容
	磁电比率式仪表	⊥	垂直安装使用
	感应式仪表	∠60°	倾斜60°安装使用

第二节　万用表

万用表可分为指针式、数字式两种,如图 6-4 所示。

(a)指针式　　　　　　　　(b)数字式

图 6-4　万用表外观

一、指针式万用表

(一)指针式万用表的工作原理

万用表的基本原理是利用一只灵敏的磁电式直流电流表(微安表)做表头,当微小电流通过表头时,就会有电流指示。但表头不能通过大电流,所以必须在表头上并联或串联一些电阻进行分流或降压,从而测出电路中的电流、电压和电阻。

1.测直流电流原理

如图 6-5(a)所示,在表头上并联一个适当的电阻(叫分流电阻)进行分流,就可以扩展电流量程。改变分流电阻的阻值,就能改变电流测量范围。

2.测直流电压原理

如图 6-5(b)所示,在表头上串联一个适当的电阻(叫倍增电阻)进行降压,就可以扩展电压量程。改变倍增电阻的阻值,就能改变电压的测量范围。

3.测交流电压原理

如图6-5(c)所示,因为表头是直流表,所以测量交流时,需加装一个并串式半波整流电路,将交流进行整流变成直流后再通过表头,这样就可以根据直流电的大小来测量交流电压。扩展交流电压量程的方法与直流电压量程相似。

4.测电阻原理

如图6-5(d)所示,在表头上并联和串联适当的电阻,同时串接一节电池,使电流通过被测电阻,根据电流的大小,就可测量出电阻值。改变分流电阻的阻值,就能改变电阻的量程。

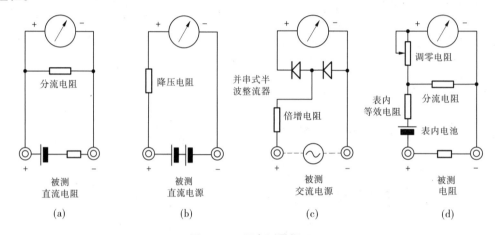

图6-5 万用表测量原理

万用表测量换挡原理如图6-6所示。具体如下所述:

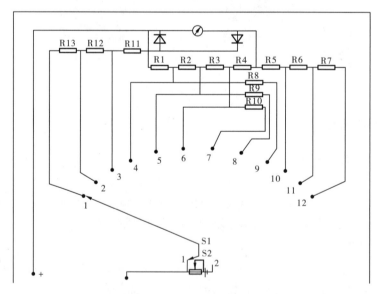

图6-6 万用表测量换挡原理示意图

(1)直流电流的测量:S1可拨至4、5、6三个位置,S2拨至1位置。

(2)直流电压的测量:S1可拨至10、11、12三个位置,S2拨至1位置。

（3）交流电压的测量：S1 可拨至 1、2、3 三个位置，S2 拨至 1 位置。

（4）电阻的测量：S1 可拨至 7、8、9 三个位置，S2 拨至 2 位置。

（二）指针式万用表的使用方法

指针式万用表外观如图 6-7 所示。

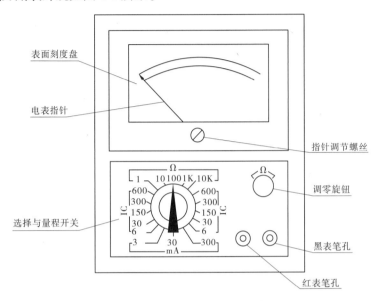

图 6-7　指针式万用表外观示意图

（1）使用前的检查和调整。

①检查外观是否破损。

②表笔与表体插孔接触是否良好。

③指针是否指在左侧零刻度线上（调整中间的机械零位）。

④如果用来测量电阻，需将两表笔短接，指针向右侧偏转。如果不在零位，需调节右侧旋钮。若调节旋钮仍无法到达零位，则说明表内电池电量不足，需更换新电池。

（2）用转换开关选择测量种类和量程。

选择测量种类：直流电流，A、mA、μA；直流电压，V；交流电压，V～；电阻，Ω。

（3）选择量程。测量电流电压时，量程应大于被测量。如果不清楚被测数值的范围，应先将开关至最大量程，并逐渐减小至合适的挡位。

二、数字式万用表

（一）数字式万用表的面板

数字式万用表外观如图 6-8 所示。

（二）数字式万用表的使用方法

"一看"。看是否有电，红黑表笔是否正确接入，无误后再进行测量。

"二扳"。测量前估计被测量的大小，选择合适的量程，若无法估计被测量大小，应先用最高量程挡测量，再视测量结果选择合适的量程挡。

"三测"。正确接入红黑表笔的触头，测量出对应的值，并正确记录。

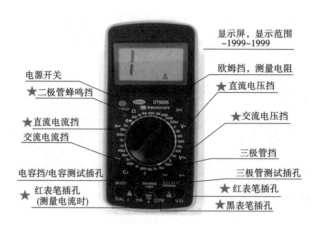

显示屏，显示范围
-1999~1999

欧姆挡，测量电阻

电源开关
★二极管蜂鸣挡

★直流电压挡

★直流电流挡
交流电流挡

★交流电压挡

电容挡/电容测试插孔

三极管挡
三极管测试插孔

★红表笔插孔
（测量电流时）

★红表笔插孔
★黑表笔插孔

图 6-8　数字式万用表外观

"四复位"。使用完毕后,应将电源按键关闭(或将开关拨到"OFF"位置),以免空耗电池。

(三)使用万用表测量直流电压

(1)黑色表笔→COM 孔。

(2)红色表笔→V/Ω。

(3)量程选择大于 DC 24 V 的量程。

(4)红色表笔→变送器"正极",黑色表笔→变送器"负极"。

(四)使用万用表测量直流电流

(1)黑色表笔→COM 孔。

(2)红色表笔→mA。

(3)量程选择大于 20 mA 的量程。

(4)将变送器"正极"拆开。

(5)红色表笔→变送器"正极",黑色表笔→变送器"负极"。

(五)使用万用表测量热电阻阻值

(1)黑色表笔→ COM 孔。

(2)红色表笔 →V/Ω。

(3)量程选择大于 200 Ω 的量程。

(4)将热电阻线路与系统断开。

(5)红色表笔→热电阻红色线端子,黑色表笔 →热电阻任意白色线端子。

(六)使用万用表测量交流电压

(1)黑色表笔→COM 孔。

(2)红色表笔→V/Ω。

(3)量程选择大于 AC 380 V 的量程。

(4)红色表笔→"正极",黑色表笔→"负极"。

(七)使用万用表测量线路通断

(1)黑色表笔→COM 孔。

（2）红色表笔→V/Ω。

（3）量程选择蜂鸣挡。

（4）红色表笔→线路一边，黑色表笔→线路另一边，若发出蜂鸣声，线路通，否则线路不通。

第三节 钳形电流表

钳形电流表又叫钳表，是一种测量正在运行的电气线路的电流大小的仪表，可以在不切断电路的情况下测量电路中的电流，使用方便。钳形电流表的外观如图6-9所示。

一、钳形电流表的工作原理

钳形交流电流表实质上是由一只电流互感器和一只整流系仪表组成的。

被测量的载流导线相当于电流互感器的原绕组，在铁芯上的是电流互感器的副边绕组，副边绕组与整流系仪表接通。

根据电流互感器原、副边绕组间一定的变化比例关系，整流系仪表便可以显示出被测量线路的电流值。

二、钳形电流表的使用方法及注意事项

（一）使用方法

（1）测量前要机械调零。

（2）选择合适的量程，先选大量程、后选小量程或看铭牌值估算。

图6-9 钳形电流表的外观

（3）当使用最小量程测量，其读数还不明显时，可将被测导线绕几匝，匝数要以钳口中央的匝数为准，则读数=指示值×量程/满偏×匝数。

（4）测量完毕，要将转换开关放在最大量程处。

（5）测量时，应使被测导线处在钳口的中央，并使钳口闭合紧密，以减少误差。

钳形电流表使用方法如图6-10所示。钳形电流表现场使用如图6-11所示。

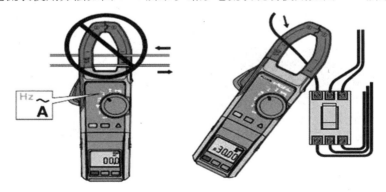

图6-10 钳形电流表使用方法

图 6-11　钳形电流表现场使用

（二）注意事项

（1）被测线路的电压要低于钳表的额定电压。

（2）测高压线路电流时，要戴绝缘手套，穿绝缘鞋，站在绝缘垫上。

（3）钳口要闭合紧密，不能带电换量程。

第四节　兆欧表

一、兆欧表的结构

兆欧表又叫摇表，其外观见图 6-12，一般用来测量电路、电缆、电机绕组、电气设备等的绝缘电阻。如果采用万用表来测量设备的绝缘电阻，由于其电池电压很低（9 V 以下），那么测得的只是在低压下的绝缘电阻值，并不能真正反映在高压条件下工作时的绝缘性能。因此，绝缘电阻须用备有高压电源的兆欧表进行测量。

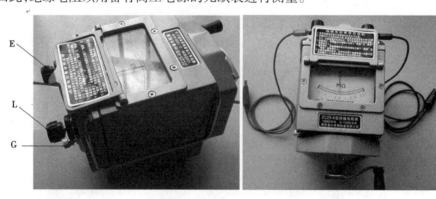

图 6-12　兆欧表外观

兆欧表多采用手摇直流发电机提供电源，常用的有 500 V、1 000 V、2 500 V 三种，测量单位为 MΩ。摇表的接线柱共有三个：一个为"L"即线路端，一个为"E"即接地端，再一个为"G"即屏蔽端(也叫保护环),一般被测绝缘电阻都接在"L""E"端之间,但当被测绝缘体表面漏电严重时,必须将被测物的屏蔽环或无须测量的部分与"G"端相连接。

二、使用兆欧表的注意事项

(1)测量前必须将被测设备电源切断。对于电容量较大的设备,应进行接地放电,以保证人身和设备的安全。

(2)读数完毕后,不要立即停止摇动摇把,应逐渐减速使手柄慢慢停转,以便通过被测设备的线路电阻和表内的阻尼将发出的电能消耗掉;或者测量完毕将设备充分放电,放电前切勿用手触及测量部分和摇表的接线柱;可通过将两表针对接对摇表进行放电。

(3)测量电容器的绝缘电阻或内部有电容器的设备时,要注意电容器的耐压必须大于摇表的电压,读数完毕后,应先取下摇表的红色(L)测试线,再停止摇动摇把,以防止已充电的电容器将电流反灌入摇表导致标的损坏。测完后的电容器和内部有电容器的设备要用电阻进行放电。

(4)禁止在雷电或邻近有带高压导体设备的环境下使用摇表。

(5)摇动手柄的转速要均匀,一般规定为 120 r/min,允许有±20%的变化,最多不应超过±25%。通常都要摇动 1 min 后,待指针稳定下来再读数。如被测电路中有电容,先持续摇动一段时间,让兆欧表对电容充电,指针稳定后再读数,测完后先拆去接线,再停止摇动。若测量中发现指针指零,应立即停止摇动手柄。

三、摇表的使用方法

(1)摇表应按被测设备的电压等级选用,一般额定电压在 500 V 以下的设备可选用 500 V 或 1 000 V 的摇表。

(2)摇表的引线必须使用绝缘良好的单根多股软线,不能用其他导线随便代替,两根引线不能绞缠,要分开单独连接,以免影响测量结果。

(3)测量前,要对摇表进行开路和短路试验。检查其"0"和"∞"两点,即摇动手柄,使电机达到额定转速,兆欧表在短路时应指在"0"位置,开路时应指在"∞"位置。

(4)接线时,接地 E 应接在电气设备外壳或地线上,线路 L 应接在被测电机绕组或导体上,如图 6-13 所示。若测电缆的绝缘电阻,还应将屏蔽 G 接到电缆的绝缘层上,以消除泄漏电流对所测绝缘电阻的影响。

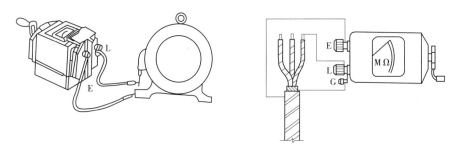

图 6-13　兆欧表测量电机绝缘以及电缆绝缘

（5）测量时,兆欧表应放置平稳,避免晃动,摇动摇表时若转速约保持 120 r/min,指针摆动到稳定处读出数据。

四、电动机的绝缘

电动机定子绕组的主要绝缘项目有以下三种（保证绕组的各导电部分与铁芯间的可靠绝缘以及绕组本身间的可靠绝缘）：

（1）对地绝缘：定子绕组整体与定子铁芯间的绝缘。

（2）相间绝缘：各相定子绕组间的绝缘。

（3）匝间绝缘：每相定子绕组各线匝间的绝缘。

测量电动机的绝缘,主要是测量电动机绕组对机壳和绕组相互间的绝缘电阻。电动机绝缘电阻值要求,额定电压 1 kV 以下的电动机,常温下绝缘电阻值不低于 0.5 MΩ。

五、电动机测量绝缘电阻的原因

（1）电动机停用或备用时间较长时,线圈受潮或有大量积灰,影响电动机的绝缘。

（2）长期使用的电动机,绝缘有可能老化,端线松弛。

（3）电动机跳闸后检查绕组是否断线、接地。测量电动机绝缘阻值,就能发现这些问题,以便及时采取措施,不影响运行中的切换使用。

（4）电动机检修后或电气回路有工作结束后。

六、应测量电动机绝缘电阻的情况

（1）电动机停用或备用时间达到 15 天以上。

（2）工作环境较为恶劣潮湿时,7 天测量。

（3）电动机跳闸后、启动不起来时。

（4）电动机检修后或电气回路有作业结束后。

七、测量三相异步电动机绝缘电阻

（1）绕组相对地绝缘电阻："L"端接绕组,"E"端接外壳,如图 6-14 所示。

（2）绕组相间绝缘电阻："L""E"端分别接两相,如图 6-15 所示。

图 6-14　兆欧表测量绕组与外壳

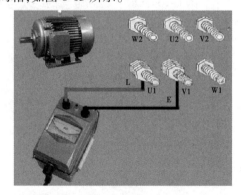

图 6-15　兆欧表测量电机绕组绝缘

第五节　接地电阻测试仪

接地电阻测试仪又叫接地电阻表,是一种专门用于测量各种接地装置的接地电阻值的仪表,其外观如图 6-16 所示。

一、组成

接地电阻测试仪由手摇发电机、电流互感器、电位器、检流计组成。

图 6-16　接地电阻测试仪的外观

二、测量接地电阻值的原因

电气设备运行时,为了防止设备的绝缘由于某种原因发生击穿和漏电,使电气设备的外壳带电,危及人身安全,所以一般要求将设备的外壳进行接地。接地电阻只有符合一定要求,才能将大电流分流,保证人身安全。

三、接地电阻测试仪的使用方法

将接地电阻测试仪平放于接地体附近,并进行接线,接线方法如下:

(1)用最短的专用导线将接地体与接地电阻测试仪的接线端"E1"(三端钮的测试仪)或与"C2""P2"短接后的公共端(四端钮的测试仪)相连。

(2)用最长的专用导线将距接地体 40 m 的测量探针(电流探针)与测试仪的接线钮"C1"相连。

(3)用余下的长度居中的专用导线将距接地体 20 m 的测量探针(电位探针)与测试仪的接线端"P1"相连。

将测试仪水平放置后,检查检流计的指针是否指向中心线,否则调节"零位调整器"使测试仪指针指向中心线。

将"倍率标度"(或称粗调旋钮)置于最大倍数,并慢慢地转动发电机转柄(指针开始偏移),同时旋动"测量标度盘"(或称细调旋钮)使检流计指针指向中心线。

当检流计的指针接近于平衡(指针近于中心线)时加快摇动转柄,使其转速达到 120 r/min 以上,同时调整"测量标度盘",使指针指向中心线。

若"测量标度盘"的读数过小(小于 1)不易读准确,说明倍率标度倍数过大。此时应将"倍率标度"置于较小的倍数,重新调整"测量标度盘"使指针指向中心线上并读出准确读数。

计算测量结果,即 $R_{地}$ = "倍率标度"读数×"测量标度盘"读数。

接地电阻测试接地线如图 6-17 所示。

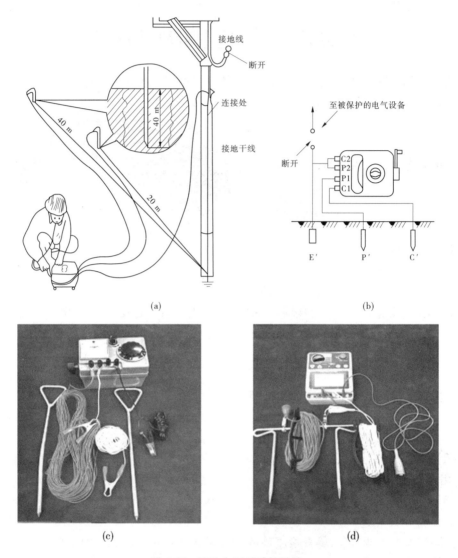

图 6-17　接地电阻测试接地线

第六节　电能表

电能表又叫电度表,是用来测量某一段时间内,发电机发出的电能或负载消耗的电能的仪表。其外观如图 6-18 所示。

一、电度表的分类

常用的有单相电度表、三相三线电度表、三相四线电度表。

二、电能表的工作原理

电能表的内部结构及工作原理示意图如图 6-19、图 6-20 所示。

图 6-18　电能表的外观

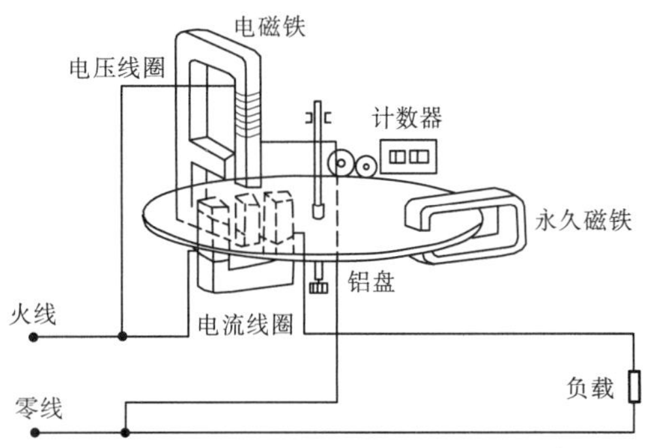

图 6-19　电能表的内部结构

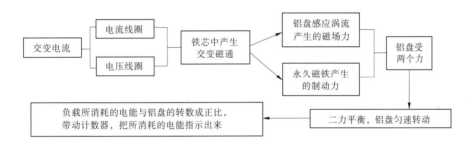

图 6-20　电能表的工作原理示意图

三相四线制接线(不带电流互感器)如图 6-21 所示。

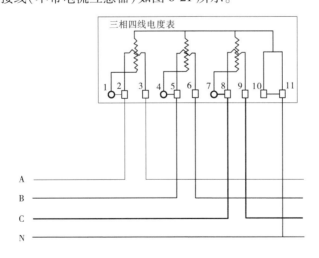

图 6-21　不带电流互感器的电能表接线图

三相四线制接线(带电流互感器)如图 6-22 所示。

电能表的接线方式如下:

1、4、7 接电流互感器二次侧 S1 端,即电流进线端;

3、6、9 接电流互感器二次侧 S2 端,即电流出线端;

2、5、8 分别接三相电源;

10、11 是接零端。

为了安全,应将电流互感器二次侧 S2 端连接后接地。

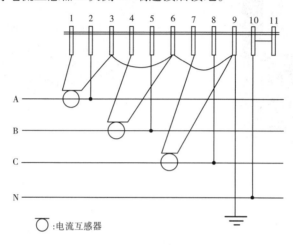

图 6-22　带互感器的电能表接线图

注意:各电流互感器的电流测量取样必须与其电压取样保持同相,即 1、2、3 为一组,4、5、6 为一组,7、8、9 为一组,如图 6-23 所示。

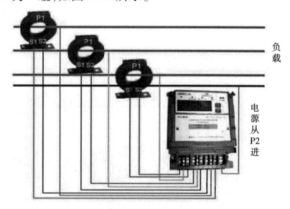

图 6-23　电能表与电流互感器接线示意图

第七章 安全用电

现代生产和生活中,电力的应用日益广泛,逐渐成为人们工作和生活不可缺少的一部分。但由于不能安全地用电造成触电事故常有发生,对人们的生命安全造成伤害,甚至造成重大财产损失。本章主要介绍触电的原因、电流对人体的伤害以及触电紧急救护。

第一节 触电的原因

触电事故是由电能以电流形式作用人体造成的事故,触电分为电击和电伤。

一、电击

电击是指电流通过人体内部,对体内器官造成的伤害。人受到电击后,可能会出现肌肉抽搐、晕厥、呼吸停止或心跳停止等现象;严重时,甚至危及生命。通常说的触电事故基本是对电击而言的。大部分触电死亡事故都是电击造成的。

按照人体触及带电体的方式和电流通过人体的途径,触电可分为单相触电(见图 7-1)、两相触电(见图 7-2)、跨步电压触电。按照发生电击时电气设备的状态,可分为直接接触电击和间接接触电击。

图 7-1 单相触电

图 7-2 两相触电

(1)单相触电:人体直接碰触带电设备或线路中的一相时,电流通过人体进入大地的触电现象(见图 7-1)。在高压系统中,人体虽没有直接触碰高压带电体,但由于安全距离不足而引起高压放电,造成的触电事故也属于单相触电。

一般情况下,接地网的单相触电比不接地网的危险性大(见图 7-3、图 7-4)。

(2)两相触电:是指人体同时接触带电设备或线路中的两相导体(在高压系统中,人体同时接近不同相的带电导体,而发生高压放电)时,电流从一相导体通过人体流入另一相导体的触电现象(见图 7-2)。两相触电危险性较单相触电危险性大,因为当发生两相触电时,加在人身体上的电压由相电压(220 V)变为线电压(380 V),这时会加大对人体的伤害。

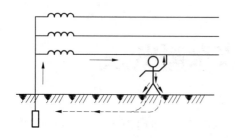

图 7-3 中性点直接接地

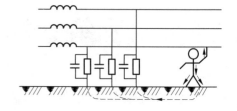

图 7-4 中性点不直接接地

(3)跨步电压触电:当电气设备发生接地故障,接地电流通过接地体向大地流散,若人在接地短路点周围行走,其两脚之间的电位差,就是跨步电压。由跨步电压引起的人体触电,就是跨步电压触电(见图 7-5)。

由接地电流电位分布曲线(见图 7-6)可知:离接地点越近,跨步电压越高,危险性越大。一般,距接地点 20 m 以外可认为地电位为零。

高压线

图 7-5 跨步电压触电

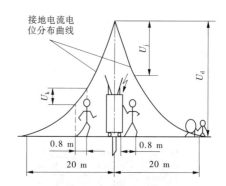

图 7-6 接地电流电位分布曲线

在对可能存在较高跨步电压(如高压故障接地处、大电流流过接地装置附近)的接地点故障进行检查时,室内不得接近故障点 4 m 以内,室外不得接近故障点 8 m 以内。进入以上范围,工作人员必须穿绝缘靴。

二、电伤

电伤:由电流的热效应、化学效应、机械效应等效应对人造成的伤害。

电烧伤:电流热效应造成的伤害。分为电流灼伤、电弧烧伤。

电烙印:在人体与带电体接触的部位留下的永久性斑痕。

皮肤金属化:在电弧高温作用下,金属熔化、汽化后金属微粒渗入皮肤,使皮肤粗糙而张紧的伤害。

机械性损伤:电流作用于人体时,由于中枢神经反射和肌肉强烈收缩等作用导致的机体组织断裂、骨折等伤害。

电光性眼炎:发生电弧时,红外线、可见光、紫外线是引起电光性眼炎的主要原因。

第二节　电流对人体的伤害

电流通过人体时会对人体的内部组织造成破坏。电流作用于人体,表现的症状有针刺感、压迫感、打击感、痉挛、疼痛,乃至血压升高、昏迷、心律不齐、心室颤动等。

电流通过人体内部,对人体伤害的严重程度与通过人体电流的大小、电流通过人体的持续时间、电流通过人体的途径、电流的种类以及人体的状况等多种因素有关,而且各因素之间是相互关联的,伤害严重程度主要与电流大小和通电时间长短有关。

一、通过人体电流的大小的影响

通过人体的电流越大,人体的生理反应越明显,感觉越强烈,从而引起心室颤动所需的时间越短,致命的危险就越大。不同大小的电流对人体的影响见表 7-1。

表 7-1　不同大小的电流对人体的影响

电流强度 （mA）	对人体影响	
	交流电（50 Hz）	直流电
0.6~1.5	开始感觉,手指麻刺	无感觉
2~3	手指强烈麻刺、颤抖	无感觉
5~7	手指痉挛	热感
8~10	手部剧痛,勉强可以摆脱电源	热感增多
20~25	手迅速麻痹,不能自立,呼吸困难	手部轻微痉挛
50~80	呼吸麻痹,心室开始颤动	手部痉挛,呼吸困难
90~100	呼吸麻痹,心室经 3 s 及以上颤动即发生麻痹,停止跳动	呼吸麻痹

根据电流通过人体所引起的感觉和反应不同可将电流分为:

(1)感知电流:在一定概率下,电流通过人体引起任何感觉的最小电流(有效值)。概率为 50%时,成年男子约为 1.1 mA,最小为 0.5 mA,成年女子平均感知电流为 0.7 mA。

(2)摆脱电流:手握带电体的人能自行摆脱带电体的最大电流。当通过人体的电流达到摆脱电流时,虽暂时不会有生命危险,但超过摆脱电流时间过长,则可能导致人体昏迷、窒息甚至死亡。因此,通常把摆脱电流作为发生触电事故的危险电流界限。成年男子为 16 mA,成年女子平均摆脱电流为 10.5 mA。

(3)室颤电流:在较短的时间内,能引起心室颤动的最小电流。电流引起心室颤动而造成血液循环停止,是电击致死的主要原因。因此,通常把引起心室颤动的最小电流值作为致命电流界限。

当电流持续时间超过心脏波动周期时,人的室颤电流约为 50 mA。当电流持续时间短于心脏波动周期时,人的室颤电流为数百毫安。

二、电阻对人体的影响

通过人体电流大小取决于外加电压和人体电阻。人体电阻主要由体内电阻和体外电阻组成。体内电阻一般约为 500 Ω,体外电阻主要由皮肤表面的角质层决定,它受皮肤干燥程度、是否破损、是否沾有导电性粉尘等的影响(见表 7-2)。

表 7-2   人体各种情况下的电阻   (单位:Ω)

皮肤干燥	皮肤潮湿	有伤口的皮肤
1 000~5 000	200~800	500 以下

人体电阻还会随电压升高而降低。在 220 V 工频电压作用下,人体电阻在 1 000~2 000 Ω。人体不同,对电流的敏感程度也不一样,一般地说,儿童较成年人敏感,女性较男性敏感。患有心脏病者,触电后的死亡可能性就更大。

三、通过人体的持续时间的影响

电击持续时间越长,则电击危险性越大。这是因为:

(1)随通电时间增加,能量积累增加,一般认为通电时间与电流的乘积大于 50 mA·s 时就有生命危险。

(2)通电时间增加,人体电阻因出汗而下降,导致触电危险进一步增加。

(3)心脏在易损期对电流是最敏感的,最容易受到损害,因发生心室颤动而导致心跳停止。

如果触电时间大于一个心跳周期,则发生心室颤动的机会加大,电击的危害加大。

工频电流对人体的作用见表 7-3。

表 7-3   工频电流对人体的作用

电流范围	电流大小（mA）	电流持续时间	生理效应
0	0~0.5	连续通电	没有感觉
A1	0.5~5	连续通电	开始有感觉,手指手腕等处有麻感,没有痉挛,可以摆脱带电体
A2	5~30	数分钟以内	痉挛,不能摆脱带电体,呼吸困难,血压升高,是可以忍受的极限
A3	30~50	数秒至数分	心脏跳动不规则,昏迷,血压升高,强烈痉挛,时间过长即引起心室颤动
B1	50 至数百	低于心脏搏动周期	受强烈刺激,但未发生心室颤动
		超过心脏搏动周期	昏迷,心室颤动,接触部位留有电流通过的痕迹
B2	超过数百	低于心脏搏动周期	在心脏易损期触电时,发生心室颤动,昏迷,接触部位留有电流通过的痕迹
		超过心脏搏动周期	心脏停止跳动,昏迷,可能致命的灼伤

四、电流途径的影响

电流通过人体的途径不同,造成的伤害也不同:

(1)电流通过心脏可引起心室颤动,导致心跳停止,使血液循环中断而致死。

(2)电流通过中枢神经会引起中枢神经系统严重失调而导致死亡。

(3)电流通过头部可使人昏迷,而当电流过大时,则会导致死亡。

(4)电流通过脊髓可能导致肢体瘫痪。

(5)电流通过呼吸系统会造成窒息。

在这些伤害中,以对心脏的危害性最大,流经心脏的电流越大,伤害越大。一般人的心脏稍偏左,所以电流流过身体的路径不同,伤害也不同。

最危险的电流路径是由左手到胸部的路径,其次是右手到前胸,次之是双手到双脚,及左手到单(或双)脚。

从左脚到右脚可能会使人站立不稳,导致摔伤或坠落,因此也相当危险。

五、不同种类电流对人体的影响

直流电和交流电均可使人发生触电。相同条件下,直流电比交流电对人体的危害较小。

直流电在接通和断开瞬间,平均感知电流约为 2 mA。300 mA 以下的直流电流没有确定的摆脱电流值;接近 300 mA 直流电流通过人体时,在接触面的皮肤内感到疼痛,随着时间的延长,可引起心律失常、电流伤痕、烧伤、头晕以及有时失去知觉,但这些症状是可恢复的。如超过 300 mA,则会造成失去知觉。

交流电的频率不同,对人体的伤害程度也不同。常用的 50~60 Hz 工频交流电对人体的伤害最为严重。低于 20 Hz 或高于 350 Hz 时,危险性相应减小,但高频电流比工频电流更容易引起皮肤灼伤。各种电源频率下的死亡率如表 7-4 所示。

表 7-4　各种电源频率下的死亡率

频率(Hz)	10	25	50	60	80	100	120	200	500	1 000
死亡率(%)	21	70	95	91	43	34	31	22	14	11

六、个体差异的影响

试验和分析表明电击危害与人体状况有关。女性对电流较男性敏感,女性的感知电流和摆脱电流均约为男性的 2/3;儿童对电流较成人敏感;体重小的人对电流较体重大的人敏感;人体患有心脏病等疾病时遭受电击时的危险性较大,而健壮的人遭受电击的危险性较小。

七、触电事故发生的规律

(1)触电事故季节性明显。

（2）低压设备触电事故多。

（3）携带式设备和移动式设备触电事故多。

（4）电气连接部位触电事故多。

（5）冶金、矿业、建筑、机械行业触电事故多。

（6）中、青年工人，非专业电工，合同工和临时工触电事故多。

（7）农村触电事故多。

（8）错误操作和违章作业造成的触电事故多。

第三节　触电急救

人触电后，即使心跳和呼吸停止了，如能立即进行抢救，还有救活的机会。

一些统计资料表明，心跳和呼吸停止，在 1 min 内进行抢救，约 80% 可以救活，如 6 min 后才开始抢救，则 80% 救不活了。

一、使触电者脱离电源的方法

（一）脱离低压电源的方法

1. 断开电源开关

如果电源开关或插头就在附近，应立即断开开关或拔掉插头，如图 7-7 所示。但要注意：

（1）单刀开关装在零线时，断开开关，相线仍然带电。

（2）单刀开关装在相线时，断开开关，开关的进线端仍然带电。

在装有双刀开关的线路上，断开开关，开关后的电路才不带电，所以应将发生触电的回路上的双刀电源开关断开才能保证触电者脱离电源。

图 7-7　切断电源

2. 用绝缘工具将电线切断

救护人员可用绝缘胶柄的钳或绝缘木柄的刀、斧等工具切断触电回路上的绝缘导线。断线时，必须将相线、零线都切断，因不知哪根是相线，如只切断一根则不能保证触电者脱离危险；应逐根切断，断口应错开，以防止断口接触发生短路；同时要防止断口触及他人或金属物体。

用刀、斧砍线时，应防止导线断开时弹起触及自己或他人，也不能将导线支撑在金属物体上砍断，以防断口使金属体带电导致触电。

触电回路的电线是裸导线时，一般不宜采用砍线的方法，如要砍线，则必须有可靠的措施防止断线弹起和防止断线触及他人或金属物体。

注意：如工具的胶柄或木柄是潮湿的，则不能使用。

3.用绝缘物体将带电导线从触电者身上移开

如果带电导线触及人体发生触电,可以用绝缘物体,如干燥的木棍、竹竿等,小心地将电线从触电者身上拨开,如图7-8所示。但不能用力挑,以防电线甩出触及自己或他人,也要小心电线沿木棍滑向自己。也可用干燥、绝缘的绳索缠绕在电线上将电线脱离触电者。

对于电杆倒地造成电线触及人体,在拨开电线时要特别小心电线弹起。

4.将触电者拉离带电物体

如触电者的衣服是干燥又不紧身的,救护人员先用干燥的衣服将自己的手严密包裹,然后用包好的手拉着触电者干燥的衣服,将触电者拉离带电物体,或用干燥的木棍将触电者撬离带电物体。

图7-8 绝缘物挑开电线

触电者的皮肤是带电的,千万不能触及,也不能触及触电者的鞋。

拉人时自己一定要站稳,防止跌倒在触电者身上。

救护人员没有穿鞋或鞋是湿的时不能用此方法救人。

(二)脱离高压电源的方法

由于装置的电压等级高,一般绝缘物品不能保证救护人的安全,而且高压电源开关距离现场较远,不便拉闸。因此,使触电者脱离高压电源的方法与脱离低压电源的方法有所不同,通常的做法是:

(1)立即电话通知有关供电部门拉闸停电。

(2)如电源开关离触电现场不远,则可戴上绝缘手套,穿上绝缘靴,拉开高压断路器,或用绝缘棒拉开高压跌落保险以切断电源。

(三)使触电者脱离电源时的注意事项

(1)救人时要确保自身安全。

(2)防止二次受伤,防止摔伤。

(3)在黑暗的地方发生触电事故,应迅速解决临时照明。

(4)高压触电时,防止跨步触电电压。

二、触电者受伤情况的检查方法

触电者脱离电源后应立即检查其受伤的情况,首先判断其神志是否清醒,如神志不清则应迅速判断其有无呼吸和心跳,同时检查有无骨折、烧伤等其他伤害。然后分别进行现场急救处理。

(一)检查神志是否清醒的方法

在触电者耳边响亮而清晰地喊其名字或使其"睁开眼睛",或用手拍打其肩膀,如无反应则是失去知觉,神志不清。

（二）检查是否有自主呼吸的方法

触电者神志不清，则将其平放仰卧在干燥的地上，通过"看、听、试"判断其是否有自主呼吸，看胸、腹部有无起伏，听有无呼吸的气流声，如都没有则可判断没有自主呼吸，如图7-9所示。应在10 s内完成"看、听、试"做出判断。

（三）检查是否有心跳的方法

检查颈动脉是否搏动，如图7-10所示，如测不到颈动脉搏动，则可判断心跳停止，测颈动脉时应避免用力压迫动脉，脉搏可能缓慢不规律或微弱而快速，因此测试时间需5~10 s。

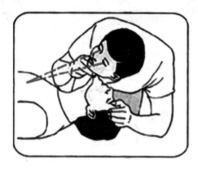

图7-9　检查呼吸

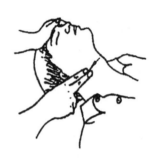

图7-10　检查动脉

三、救护方法

（一）根据受伤情况采取不同处理方法

（1）脱离电源后，触电者神志清醒，应让触电者就地平卧安静休息，不要走动，以减小心脏负担，应有人密切观察其呼吸和脉搏变化。天气寒冷时要注意保暖。

（2）触电者神志不清，有心跳，但呼吸停止，应立即进行口对口人工呼吸，如不及时进行人工呼吸，心脏因缺氧很快就会停止跳动。呼吸很微弱时也应立即进行人工呼吸。

（3）触电者神志不清，有呼吸，但心跳停止，应立即进行人工胸外心脏的挤压。

（4）触电者心跳停止，同时呼吸也停止或呼吸微弱，应立即进行心肺复苏抢救。

（5）如心跳、呼吸均停止并伴有其他伤害，应先进行心肺复苏，然后处理外伤。

（二）现场心肺复苏的生理基础

心跳和呼吸是人的最基本生理过程，呼吸时吸入新鲜空气，呼出二氧化碳，新鲜空气中所含的氧在肺部溶于血液中，随血液的循环输送到人体各器官，体内产生的二氧化碳又随血液送到肺部呼出，肺的呼吸起到气体交换的作用。血液的循环靠心脏跳动来维持。

如果呼吸停止，则不能进行气体交换，如果心跳停了，则血液循环不了，会使细胞缺氧受损。脑细胞对缺氧最敏感，一般缺氧超过8 min就会造成不可逆转的损害导致脑死亡，即使抢救后恢复了心跳和呼吸也会变成植物人。所以，心跳、呼吸停止后，必须争分夺秒立即就地抢救。

现场抢救是用人工呼吸的方法恢复气体交换，用人工胸外心脏按压的方法恢复心脏跳动，恢复对全身细胞供氧，对人体进行基本的生命支持，同时配合其他治疗，使伤员恢复自主心跳、呼吸。

(三)口对口(鼻)人工呼吸的方法

1.人工呼吸的作用

伤员不能自主呼吸时,救护人人为地帮助其进行被动呼吸,将空气吹入伤员肺内,然后伤员自行呼出,达到气体交换,维持氧气供给。

2.人工呼吸的准备工作

(1)平放仰卧。

(2)松开衣裤。

(3)清净口腔。

(4)头部后仰、鼻孔朝天。

各项准备工作都是为了使气道通畅。

3.吹气、呼气的方法

人工呼吸的步骤见图7-11,具体如下所述:

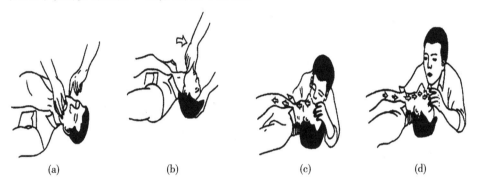

(a)　　　　　(b)　　　　　(c)　　　　　(d)

图7-11　人工呼吸的步骤

(1)深吸一口气。吹入伤员肺内的气量达到8 00~1 200 mL(成年人),才能保证足够的氧,所以救护人吹气前应先深吸一口气。

(2)口对口,捏紧鼻子,吹气。救护人一只手放在伤员额头上,用拇指和食指将伤员鼻孔捏紧,另一只手托住伤员下颚,使头部固定,救护人低下头,将口贴近伤员的口,吹气。吹气时鼻要捏紧,口要贴近以防漏气。吹气要均匀,将吸入的气全部吹出,时间约2 s。如吹气时目光注视伤员的胸、腹部,如吹气正确胸部会扩张,如感觉吹气阻力很大且胸部不见扩张,说明气道不通畅;如吹气量不足则胸部扩张不明显;如腹部胀起则是吹气过猛,使空气吹入胃内。

(3)口离开,松开鼻子,自行呼气。吹气后随即松开鼻孔,口离开,让伤员自行将气呼出,时间约3 s。伤员呼气时,救护人抬起头准备再次吸气,伤员呼气完后,救护人紧接着口对口吹气,持续进行抢救。

如果伤员牙关紧闭无法张开,可以口对鼻吹气。注意:对儿童进行人工呼吸时,吹气量要减少。

(四)人工胸外心脏按压的方法

1.心脏按压的作用

心跳停止后,血液循环失去动力,用人工的方法可建立血液循环。人工有节律地压迫心脏,使血液流出,放松时心脏舒张使血液流入心脏,这样可迫使血液在人体内流动。

2.按压心脏的准备

(1)放置好伤员并使气道顺畅。将伤员平放仰卧在硬地上(或在背部垫硬板,以保证按压效果),应使头部低于心脏,以利血液流向脑部,必要时可稍抬高下肢促进血液回流心脏。同时松开紧身衣裤,清净口腔,使气道顺畅。

(2)确定正确的按压部位。人工胸外心脏按压是按压胸骨下半部,间接压迫心脏使血液循环,按压部位正确才能保证效果。

确定正确的按压部位的方法是:

①先在腹部的左(或右)上方摸到最低的一条肋骨(肋弓),然后沿肋骨摸上去,直到左、右肋弓与胸骨的相接处(在腹部正中上方),找到胸骨剑突。

②把手掌放在剑突上方并使手掌边离剑突下沿两手指宽,掌心应在胸骨的中心线上,偏左或偏右都可能会造成肋骨骨折。

心脏位置如图 7-12 所示。按压位置如图 7-13 所示。

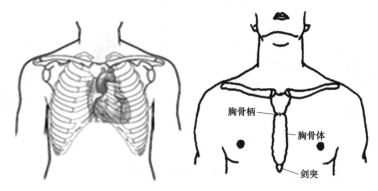

图 7-12　心脏位置

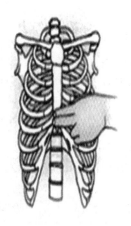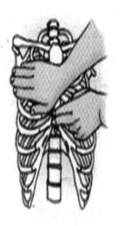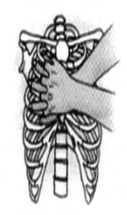

图 7-13　按压位置

3.正确的按压方法

心脏复苏姿势如图 7-14 所示,具体如下所述:

（1）两手相叠放在正确的按压部位上,手掌贴紧胸部,手指稍翘起不要接触胸部。按压时只是手掌用力下压,手指不得用力,否则会使肋骨骨折。

（2）腰稍向前弯,上身略向前倾,使双肩在双手正上方,两臂伸直,垂直均匀用力向下压,压陷4~5 cm,使血液流出心脏。

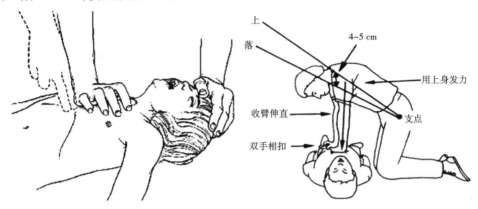

图 7-14　心脏复苏姿势

（3）压陷后立即放松使胸部恢复原状,心脏舒张使血液流入心脏,但手不要离开胸部。

（4）以每分钟100次的频率节奏均匀地反复按压,按压与放松的时间相等。

（5）婴儿和幼童,只用两只手指按压,压下约2 cm,10岁以上儿童用一只手按压,压下3 cm,按压频率都是每分钟100次。

（6）救护人的位置:伤员放在地上时,可以跪在伤员一侧,或骑跪在伤员腰部两侧(但不要蹲着),以保证双臂能垂直下压来确定具体位置。伤员在床上时,救护人员可站在伤员一侧。

（五）现场心肺复苏的方法

若触电人伤害得相当严重,心脏和呼吸都已停止,人完全失去知觉,则需同时采用口对口人工呼吸和人工胸外挤压两种方法。

单人抢救:人工呼吸和心脏按压交替进行。2次人工呼吸,按压心脏30次,反复进行。

双人抢救:一个人进行人工呼吸并判断伤员有无恢复自主呼吸和心跳,另一个人进行心脏按压。一个人吹2口气不必等伤员呼气,另一个人立即按压心脏30次,反复进行,但吹气时不能按压。

（六）用人工呼吸、心脏挤压对伤员进行抢救的注意事项

（1）要立即、就地、正确、持续抢救。

立即——争分夺秒使触电者脱离电源。

就地——必须在现场附近就地抢救,千万不要长途送往医院抢救,以免耽误抢救时间。如确需要移动,抢救中断时间不应超过30 s。

正确——人工呼吸法的动作必须准确。

持续——只要有1%的希望就要尽力去抢救。

（2）抢救过程中要注意观察伤员的变化，每做5个循环，就检查一次是否恢复自主心跳、呼吸。

①如果恢复呼吸，则停止吹气。

②如果恢复心跳，则停止按压心脏，否则会使心跳停跳。

③如果心跳、呼吸都恢复，则可停止抢救，但要密切注意呼吸脉搏的变化，随时有再次骤停的可能。

④如果心跳、呼吸未恢复，但皮肤转红润、瞳孔由大变小，说明抢救已收到效果，要继续抢救。

⑤如果出现尸斑、身体僵冷、瞳孔完全放大，经医生确定真正死亡，可停止抢救。

第八章　供配电基础以及常用电气设备

电能已成为现代化建设中最普遍使用的能源,不论是生产还是生活都离不开电。电力的广泛使用促进了经济的发展和丰富了人们的生活。本章将围绕供配电系统,介绍供配电基础知识及常用电气设备。

第一节　电力系统与电力网

一、电力系统的基本概念

常见的直流电路如图 8-1 所示,直流电路常见的四要素,即电源、导线、开关及用电器。我们日常生活中接触的更多的是交流电路,同样也有四要素,即发电厂、输电线路、变电站及用户。

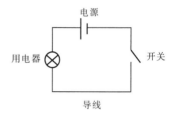

图 8-1　直流电路四要素

电力系统是由发电厂、各级变电站、输电线路和电能用户组成的整体。

如图 8-2 所示,从发电厂(水力、火力、核能、风力、太阳能、垃圾发电等)发电,发出的电压一般为 10 kV 等级(主要取决于发电机的参数)。为了能将电能输送远些,并减少输电损耗,需通过升压变压器将电压升高到 110 kV、220 kV、330 kV 或 500 kV。然后经过远距离高压输送后,再经过降压变压器降压至负载所需电量,如 35 kV、10 kV,最后经配电线路分配到用电单位和住宅区基层用户,或者再降压至 380 V/220 V 供电给普通用户。因此,由发电、送电、变电、配电和用电组成的整体就是电力系统。

二、电力网

电力网是由各种电压等级的输电线路和升降压变压器组成的电厂和用户的桥梁,如图 8-3 所示。

电力网的优点如下所述:

(1)提高了供电的可靠性。大型电力系统的构成,使得电力系统的稳定性提高,同时对用户供电的可靠程度相应提高了,特别是构成了环网,对重要用户的供电就有了保证。当系统中某局部设备故障或某部分线路检修时,可以通过变更电力网的运行方式,对用户连续供电,以减少由停电造成的损失。

(2)减少了系统的备用容量,使电力系统的运行具备灵活性。各地区可以通过电力网互相支援,也可大大地减少为保证电力系统所必需的备用机组。

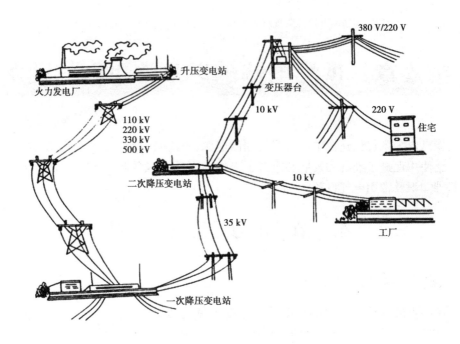

图 8-2　供配电示意图

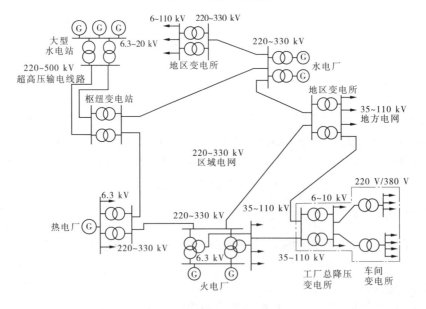

图 8-3　电力网结构示意图

（3）形成的电力系统，便于发展大型机组。

（4）通过合理地分配负荷，降低了系统的高峰负荷，提高了运行的经济性。

（5）提高了供电质量。

（6）形成大的电力系统，便于利用大型动力资源，特别是能充分发挥水利发电厂的作用。

第二节 变压器

加气站的供电一般是杆塔送入的 10 kV 高压电,经过变压器变为 0.4 kV 电压等级进行分配,所以变压器是一个比较核心的部分。

一、变压器的工作原理

变压器是利用电磁感应的原理来改变交流电压的装置,主要构件是初级线圈、次级线圈和铁芯(或磁芯)。主要功能有电压变换、电流变换、阻抗变换、隔离、稳压(磁饱和变压器)等。

变压器由铁芯(或磁芯)和线圈组成,线圈有两个或两个以上的绕组,其中接电源的绕组叫初级线圈,其余的绕组叫次级线圈。它可以变换交流电压、电流和阻抗。最简单的铁芯变压器由一个软磁材料做成的铁芯及套在铁芯上的两个匝数不等的线圈构成,如图 8-4 所示。

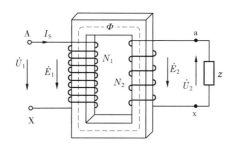

图 8-4 变压器的工作原理图

铁芯的作用是加强两个线圈间的磁耦合。为了减少铁内涡流和磁滞损耗,铁芯由涂漆的硅钢片叠压而成;两个线圈之间没有电的联系,线圈由绝缘铜线(或铝线)绕成。一个线圈接交流电源称为初级线圈(或原线圈),另一个线圈接负载称为次级线圈(或副线圈)。

变压器是利用电磁感应原理制成的静止用电器。当变压器的原线圈接在交流电源上时,铁芯中便产生交变磁通,交变磁通用 Φ 表示。原线圈、副线圈中的 Φ 是相同的,N_1、N_2 为原线圈、副线圈的匝数。

得出下列公式

$$\frac{U_1}{U_2} = \frac{N_1}{N_2}$$

即变压器原线圈、副线圈电压有效值之比,等于其匝数比。

二、变压器的分类及结构

(一)变压器的分类

1. 按相数分

按相数分变压器可分为以下两种:

(1)单相变压器:用于单相负荷和三相变压器组。

(2)三相变压器:用于三相系统的升、降电压。

2.按冷却方式分

按冷却方式分变压器可分为以下两种:

(1)干式变压器:依靠空气对流进行自然冷却或增加风机冷却,多用于高层建筑、高速收费站点用电及局部照明、电子线路等小容量变压器。

(2)油浸式变压器:依靠油作冷却介质,如油浸自冷、油浸风冷、油浸水冷、强迫油循环等。

3.按用途分

按用途分变压器可分为以下四种:

(1)电力变压器:用于输配电系统的升、降电压。

(2)仪用变压器:如电压互感器、电流互感器,用于测量仪表和继电保护装置。

(3)试验变压器:能产生高压,对电气设备进行高压试验。

(4)特种变压器:如电炉变压器、整流变压器、调整变压器、电容式变压器、移相变压器等。

(二)变压器的结构

1.单相变压器的结构

单相变压器在生活中随处可见,如手机充电器、电动车充电器等,将 AC 220 V 单相交流电转换为电池所需的直流电,如电动车充电器就是将 AC 220 V 转换为 AC 12 V 再通过整流器转换为 DC 12 V 为电池充电。单相变压器的外观及内部结构如图 8-5 所示。

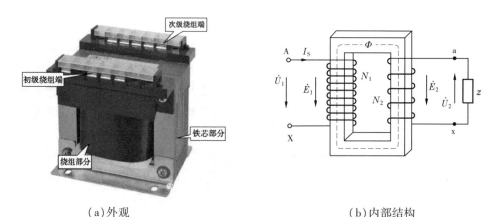

(a)外观 　　　　　　　　　　　(b)内部结构

图 8-5　单相变压器的外观及内部结构

2.三相变压器的结构

三相变压器的外观及内部结构如图 8-6 所示。

三相变压器与单相变压器的主要区别有以下三点:

(1)绕组的数量不同。

(2)铁芯的结构不同。

(3)绕组的连接方式不同。

如图 8-6 所示,单相变压器只有 2 个绕组,而三相变压器有 6 个绕组,其中 3 个一次绕组,3 个二次绕组,为了使变压器的绕组形成回路,需要将变压器内部的绕组进行连接。

其中,连接的方法主要有 Y 形连接、△形连接、Z 形连接。

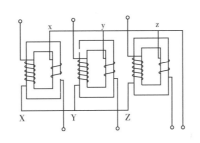
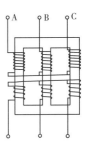

（a）外观　　　　　　　　　　　　　　　（b）内部结构

图 8-6　三相变压器的外观及内部结构

列举常见的 Y 形连接方式,见图 8-7。

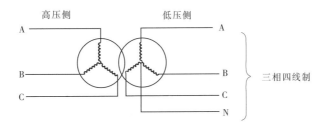

图 8-7　变压器绕组内部示意图

高压侧:$U_{AB} = U_{BC} = U_{AC} = 10 \text{ kV}$。

低压侧:$U_{AB} = U_{BC} = U_{AC} = 380 \text{ V}$;$U_{AN} = U_{BN} = U_{CN} = 220 \text{ V}$。

由此可见,三相四线中的零线来自于三相变压器二次绕组末端连接的中性点。其中,三相四线的颜色为:A 相黄色 、B 相绿色 、C 相红色、零线蓝色。

变压器接线柱外观见图 8-8。

图 8-8　变压器接线柱外观

第三节 低压配电系统

一、低压配电系统概述

现场低压供电方式常用的有三相四线制供电,"三相"指 A、B、C 三条火线;"四线"指 A、B、C、N 四条线路。如图 8-9 所示,220 V 负载一般要平均分配每相火线的负荷,防止供电不平衡导致变压器发热。

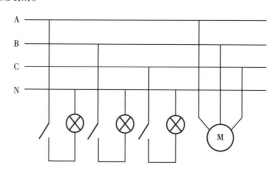

图 8-9　三相四线制供电示意图

在日常工作中,不免会因为电力系统故障导致停电,所以在配电系统中有两个比较重要的电气设备:①UPS(不间断供电电源);②发电机。

(一)不间断供电电源(UPS)

1. 不间断供电电源概述

UPS 即不间断供电电源,利用电池化学能作为后备能量,在市电断电等电网故障时,不间断地为用户设备提供(交流)电能的一种能量转换装置,如图 8-10 所示。

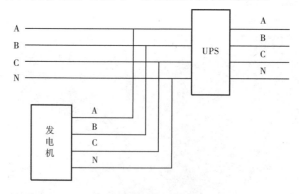

图 8-10　不间断供电电源(UPS)

UPS 电源系统由五部分组成:主路、旁路、电池等电源输入电路,进行 AC/DC 变换的整流器(REC,见图 8-11),进行 DC/AC 变换的逆变器(INV,见图 8-12),逆变和旁路输出切换电路(整流与逆变波形见图 8-13),以及蓄能电池。UPS 主机外观如图 8-14 所示,其系统的稳压功能通常是由整流器完成的,整流器件采用可控硅或高频开关整流器,本身具

图 8-11　AC/DC——整流器　　图 8-12　DC/AC——逆变器

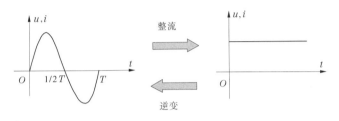

图 8-13　整流与逆变波形示意图

有可根据外电的变化控制输出幅度的功能,从而当外电发生变化(该变化应满足系统要求)时,输出幅度基本不变的整流电压。净化功能由储能电池来完成,如图 8-15 所示。由于整流器对瞬时脉冲干扰不能消除,整流后的电压仍存在干扰脉冲。储能电池除可存储直流电能的功能外,对整流器来说就像接了一只大容器电容器,其等效电容量的大小,与储能电池容量大小成正比。由于电容两端的电压是不能突变的,即利用了电容器对脉冲的

图 8-14　UPS 主机外观

平滑特性消除了脉冲干扰,起到了净化功能,也称为对干扰的屏蔽。频率的稳定则由变换器来完成,频率稳定度取决于变换器的振荡频率的稳定程度。为方便 UPS 电源系统的日常操作与维护,设计了系统工作开关、主机自检故障后的自动旁路开关、检修旁路开关等

图 8-15　UPS 主机及蓄电池柜

开关控制。

不间断供电电源(UPS)的作用如下所述：

(1)不停电功能。针对电网停电故障。

(2)交流稳压功能。针对电网电压波动故障。

(3)过滤净化功能。针对电网浪涌以及谐波对精密设备造成的损害。

2. UPS 几种工作状态

1)市电正常时工作模式

市电进入 UPS 主机整流器,将交流电转变为直流电,其中一部分供给电池充电,另一部分直接进入逆变器再次转变为交流电供给负载使用。图 8-16 所示为两台 UPS 并列运行,当其中一台 UPS 出现故障时,另一台 UPS 继续为负载供电。

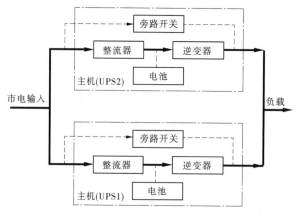

图 8-16　UPS 市电正常工作模式

2)市电断电情况下

当外部电网供电出现故障时,此时 UPS 蓄电池提供直流电,经过逆变单元转变为直流电供给负载使用,如图 8-17 所示,但是电池供电有一定的时间限制,取决于电池组的容量。

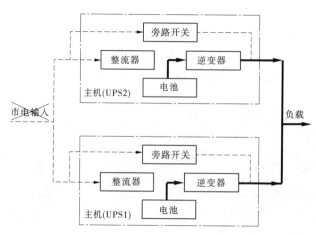

图 8-17　UPS 市电断电工作模式

3）系统过载工作模式

　　UPS 的供电容量是一个比较重要的技术参数,在建站设计时,UPS 的容量选择一般比正常工作时的容量要大一些,但是由于工况的不稳定,在极少数的情况下,现场设备出现过载现象会超出 UPS 的供电容量,此时 UPS 会自动接通旁路开关,市电直接通过 UPS 的旁路直接为负载供电,不经过整流逆变单元,如图 8-18 所示,一般此种情况极少出现。

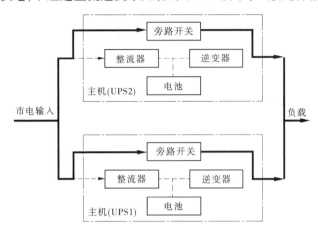

图 8-18　UPS 过载工作模式

（二）发电机

　　当市电供电发生故障时,短时间内可以由 UPS 电源供电,但毕竟电池的电量有一定的时间限制,一般为几个小时,所以出现电力故障后必须启用发电机。

　　发电机的基本结构如图 8-19 所示。

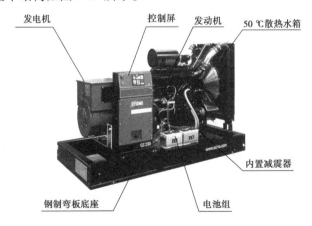

图 8-19　发电机的基本结构

　　（1）发动机:现在大部分发电机组的发动机都是柴油发动机,有发动机通过皮带带动发电机旋转进行发电。柴油发动机的工作过程其实是与汽油发动机一样的,每个工作循环也经历进气、压缩、做功、排气四个行程。柴油机在进气行程中吸入的是纯空气。在压缩行程接近终了时,柴油经喷油泵将油压提高到 10 MPa 以上,通过喷油器喷入汽缸,在很短时间内与压缩后的高温空气混合,形成可燃混合气。由于柴油机压缩比高(一般为

16~22),所以压缩终了时汽缸内空气压力可达 3.5~4.5 MPa,同时温度高达 750~1 000 K(而汽油机在此时的混合气压力一般为 0.6~1.2 MPa,温度达 600~700 K),大大超过柴油的自燃温度。因此,柴油在喷入汽缸后,在很短时间内与空气混合后便立即自行发火燃烧。汽缸内的气压急速上升到 6~9 MPa,温度也升到 2 000~2 500 K。在高压气体推动下,活塞向下运动并带动曲轴旋转而做功,废气同样经排气管排入大气中。

(2)发电机:由发电机旋转驱动,发电机旋转,转子绕组切割磁感线产生感应电流,将电能输出。

(3)控制屏:监控并显示发动机以及发电机等设备的工作状态,如发动机的转速、油压、油温,冷却风机的温度,发电机发出电能的电压、频率等参数。

(4)电池组:通过电池组提供电能,启动发动机旋转。

(5)散热水箱:冷却发动机循环冷却液的温度,使发动机在正常的温度条件下持续工作。

(6)底座以及减震器:发动机以及发电机在旋转的过程中,会发生轻微的震动,通过减震器使设备达到一个动态平衡,使发电机组的位置在运行的过程中不发生位移。

第四节　常用的电气元件以及电机的几种控制方式

一、常用低压电气元件

工作在交流 1 000 V 及以下、直流 1 500 V 及以下电路中的电器都属于低压电器。生产机械中所用的控制电器多属于低压电器,它是指在电压 500 V 以下,用来接通或断开电路,以及来控制、调节和保护用电设备的电气器具。

(一)刀闸

刀闸开关的典型结构如图 8-20 所示,它由操作手柄、触刀(动触点)、刀座(静触点)和绝缘瓷底组成。推动手柄使触刀紧紧插入静触点中,电路实现接通。

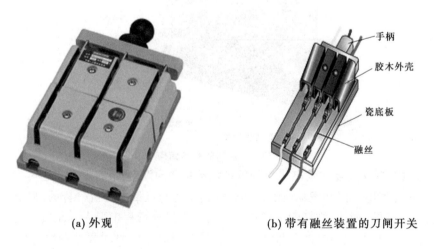

(a) 外观　　　　　　　　(b) 带有融丝装置的刀闸开关

图 8-20　刀闸的外观及内部接线

刀闸开关可以很明显地观察到"开"和"关"的状态,因此也通常称之为隔离开关,在断路器的上游,在检修作业期间,断开隔离开关,可以清楚地提示下游设备处于断电状态。

(二)低压断路器

低压断路器又称为自动空气开关或自动空气断路器,简称断路器。它相当于把手动开关、热脱扣器、电磁脱扣器等组合在一起构成的一种电气元件,当电路中发生短路、过载和失压等故障时,能自动切断故障电路,保护线路和电气设备。

工作原理:当主电路发生短路时,电磁脱扣器的线圈流过非常大的电流,产生的吸力增加,于是衔铁被吸合,它撞击滑竿,顶开搭钩,引起锁链和搭钩脱离,在弹簧的作用下,使主触头分断,从而切断电源,起到保护作用,如图8-21所示。

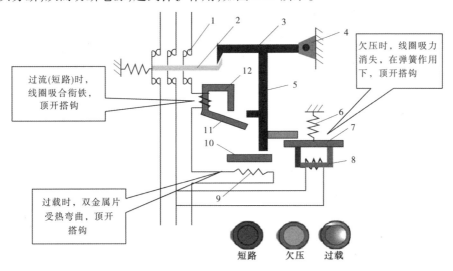

1—主触头;2—锁链;3—搭钩;4—轴;5—杆;6—弹簧;7、11—衔铁;
8—欠电压脱扣器;9—发热元件;10—双金属片;12—电磁脱扣器

图8-21 断路器工作原理示意图

断路器电气符号及外观如图8-22所示。

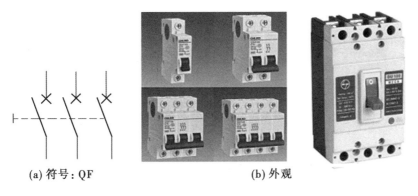

(a) 符号:QF   (b) 外观

图8-22 断路器电气符号及外观

（三）低压熔断器

作用：短路保护。

结构：熔体、熔管、熔座。

常见类型：瓷插式熔断器（其内部结构及外观见图 8-23）、螺旋式熔断器（其内部结构及外观见图 8-24）、有填料封闭式熔断器（其熔座及熔体符号见图 8-25）。

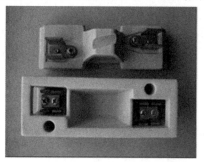

图 8-23　瓷插式熔断器的内部结构及外观

图 8-24　螺旋式熔断器的内部结构及外观

图 8-25　有填料封闭式熔断器的熔座及熔体符号

工作原理:当线路正常工作时,流过熔体的电流小于或等于它的额定电流;当线路发生短路或严重过载时,熔体过热熔断。

选用原则:

$$熔断器的额定电压 \geqslant 线路的额定电压$$
$$熔断器的额定电流 \geqslant 所装熔体的额定电流$$

用于保护无启动过程的平稳负载电路:

$$熔断器的额定电流 \geqslant 电路中所有照明电器额定工作电流之和$$

用于保护单台长期工作的电动机:

$$熔断器的额定电流 \geqslant (1.5 \sim 2.5) \times 电动机额定电流$$

用于保护多台电动机:

$$熔断器的额定电流 \geqslant (1.5 \sim 2.5) \times 最大电动机额定电流 + 其他所有电动机额定电流之和$$

(四)按钮

作用:短时间接通或断开电路的手动主令电器。常态下,复合按钮有一对常开触点和一对常闭触点。按下按钮时,常闭触点先断开,然后常开触点后闭合。当松开手后在反力弹簧的作用下,两对触点复位。按钮的外观及符号如图8-26所示。

分类:常开按钮、常闭按钮、复合按钮(其内部结构见图8-27)。

常开触头　　常闭触头　　复式触头
动合触头　　动断触头　　复式触头

(a)外观　　　　　　　(b)符号

图8-26　按钮的外观及符号

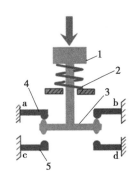

图8-27　复合按钮的内部结构

结构:按钮帽、复位弹簧、动触点、静触点、外壳。

符号:SB。

(五)交流接触器

接触器可快速切断交流与直流主回路和可频繁地接通与大电流(达800 A)控制电路的装置,所以经常运用于电动机作为控制对象,也可用作控制工厂设备、电热器、工作母机和各样电力机组等电力负载,接触器不仅能接通和切断电路,还具有低电压释放保护作用。接触器控制容量大,适用于频繁操作和远距离控制,是自动控制系统中的重要元件之一。接触器的外观及符号如图8-28所示。

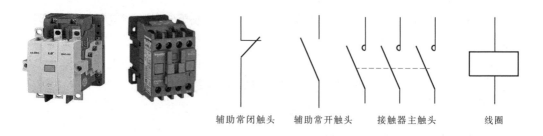

辅助常闭触头　辅助常开触头　接触器主触头　线圈

（a）外观　　　　　　　　　　　　　　　（b）符号

图 8-28　接触器的外观及符号

交流接触器的内部结构如图 8-29 所示。

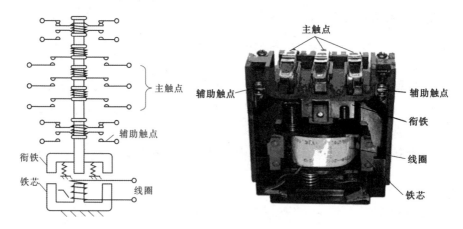

图 8-29　交流接触器的内部结构示意图

结构：

（1）电磁系统：交流线圈、动铁芯、静铁芯。

（2）触头系统：主触头、辅助常开触头、辅助常闭触头。

（3）辅助部件：反作用弹簧、缓冲弹簧、触头压力弹簧、传动机构及底座、接线柱等。

工作原理：

线圈得电→动铁芯被吸下→辅助常闭触头断开、主触头和辅助常开触头吸合。线圈失电→动静触点分离→辅助常闭触头闭合、主触头和辅助常开触头断开。

符号：KM。

（六）行程开关

行程开关也被称为限位开关，它的特点是通过机械碰撞来控制电路的通断，如图 8-30 所示，即将机械位移转变为电信号，以控制机械运动。

结构：

（1）操动机构：与挡铁接触从而触发开关芯子动作。

（2）基座：安装固定，保护开关芯子不受外在因素影响。

（3）开关芯子：限位开关核心部件，如图 8-31 所示，根据操动机构的动作实现对电路的接通与分断，一般由一对常开触头、一对常闭触头组成。

（a）外观 （b）符号

图 8-30 角行程开关与直行程开关

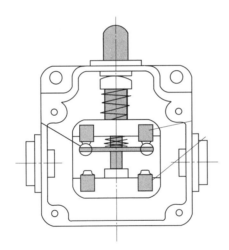

图 8-31 直动式行程开关内部结构

符号：SQ。

（七）热继电器

继电器是一种根据某种输入信号的变化来接通或断开控制电路,实现自动控制和保护的电器。其输入量可以是电压、电流等电气量,也可以是温度、时间、速度、压力等非电气量。

热继电器是利用电流的热效应致使内部热感应原件(双金属)弯曲产生机械位移来推动动作机构,使触头系统闭合或分断的保护电器。热继电器的外观及符号如图 8-32 所示。

作用:过载保护。

工作原理:发热元件接入电机主电路,若长时间过载,双金属片被烤热。因双金属片的下层膨胀系数大,使其向上弯曲,扣板被弹簧拉回,常闭触头断开。

符号:KH(FR)。

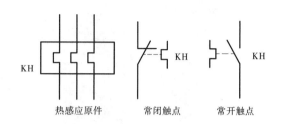

（a）外观   （b）符号

图 8-32   热继电器的外观及符号

（八）时间继电器

时间继电器也称为延时继电器,是一种用来实现触点延时接通或断开的控制电器,在现场设备中主要用于电机设备的星—三角启动系统之中。时间继电器的外观以及触点接线图如图 8-33 所示。

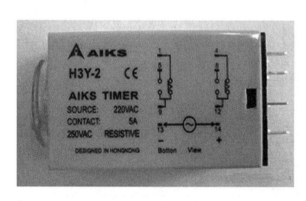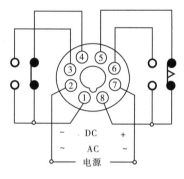

（a）外观   （b）触点接线图

图 8-33   时间继电器的外观及触点接线图

按结构其分为空气阻尼式、电动式、晶体管式、直流电磁式。

按延时方式其分为通电延时型、断电延时型。

（九）继电器

继电器是一种电子控制元器件。其外观如图 8-34 所示。主要用在自动控制电路中,应用最广的是电磁式继电器,它由线圈、衔铁、铁芯、弹簧、触点组成。有常开触点和常闭触点。当继电器中的线圈接通电流时产生磁效应,从而产生磁力而吸合衔铁,使常闭触电断开、常开触点闭合,达到接通或断开电路的作用。当电流消失时磁力消失,铁芯通过弹簧的弹力返回原来的位置,使吸合的触点断开、断开的触点吸合。

在现场控制线路中,继电器是可编程控制器（PLC）与现场设备的中间纽带。在系统中继电器线圈的工作电压为 24 V,可由 PLC 来进行控制,利用继电器触点的开闭来控制现场接触器线圈的通断,从而控制现场设备。

二、电动机

电动机是将电能转化为机械能的一种设备,在实际的工作过程当中,它的能量转换过程

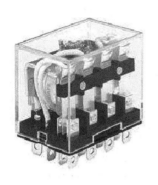

图 8-34　继电器的外观

是由电能先转化为磁能,再由磁能转化为电能,接下来我们先了解一下电动机的基本结构。

（一）三相异步电动机的基本结构

三相异步电动机主要由定子、转子及外壳构成。其外观如图 8-35 所示。

图 8-35　三相异步电动机的外观

三相异步电动机的基本结构如图 8-36 所示。定子由定子铁芯以及定子绕组组成,转子由转子铁芯以及转子绕组组成,电动机主要由定子、转子、外壳前后端盖、机座、风扇以及风罩、出线盒、吊环组成。

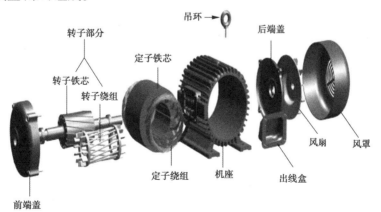

图 8-36　三相异步电动机的基本结构

1.定子结构

1）定子铁芯

定子铁芯是由硅钢片叠加而成的。采用硅钢材料主要是因为硅钢本身是一种导磁能力很强的磁性物质,在通电线圈中,它可以产生较大的磁感应强度,实际情况下的电动机在交流状态下工作时,其功率损耗不仅在线圈的电阻上,也产生在交变电流磁化下的铁芯中。通常把铁芯中的功率损耗叫铁损,铁损由两个原因造成:一个是磁滞损耗,另一个是涡流损耗。磁滞损耗是铁芯在磁化过程中,由于存在磁滞现象而产生的铁损,这种损耗的大小与材料的磁滞回线所包围的面积大小成正比。硅钢的磁滞回线狭小,用它做电气设备的铁芯磁滞损耗较小,可使其发热程度大大减小。用硅钢片做铁芯,是因为片状铁芯可以减小另外一种铁损——涡流损耗。电动机在工作时,线圈中有交变电流,它产生的磁通也是交变的。这个变化的磁通在铁芯中产生感应电流。铁芯中产生的感应电流,在垂直于磁通方向的平面内环流着,所以叫涡流。涡流损耗同样使铁芯发热。为了减小涡流损耗,电机定子的铁芯用彼此绝缘的硅钢片叠成,使涡流在狭长形的回路中,通过较小的截面,以增大涡流通路上的电阻;同时,硅钢中的硅使材料的电阻率增大,也起到减小涡流的作用。硅钢片及定子铁芯如图 8-37 所示。

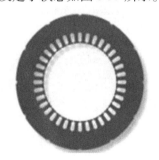

图 8-37　硅钢片及定子铁芯

2)定子绕组

定子绕组通常也叫漆包线,漆包线是绕组线的一个主要品种,由导体和绝缘层两部分组成,铜制裸线经退火软化后,再经过多次涂漆、烘焙而成。具备机械性能、化学性能、电性能、热性能四大性能。如图 8-38 所示将漆包线绕成线匝按照一定的顺序镶嵌在定子铁芯内部,就构成了一个完整的定子铁芯。

2. 转子结构

三相异步电动机当中,常见的转子有鼠笼式和绕线式两种结构。

1)鼠笼式转子

鼠笼式异步电动机的转子绕组不是由绝缘导线绕制而成,而是由铝条或铜条与短路环焊接而成或铸造而成的。

鼠笼式异步电动机的转子绕组因其形状像鼠笼而得名,它的结构是嵌入线槽中铜条为导体,铜条的两端用短路环焊接起来。中小型鼠笼式异步电动机采用较便宜的铝替代铜,将转子导体、短路环和风扇等铸成一体,成为铸铝鼠笼式转子。鼠笼式绕组及铁芯如图 8-39、图 8-40 所示。

2)绕线式转子

绕线式转子的绕组和定子绕组相似,三相绕组连接成星形,三根端线连接到装在转轴上的三个铜滑环(集电环)上,通过一组电刷与外电路相连接,如图 8-41 所示。

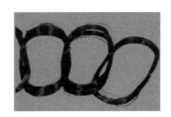

图 8-38 定子绕组及缠绕方法

图 8-39 鼠笼式绕组及铁芯

图 8-40 鼠笼式转子的外观

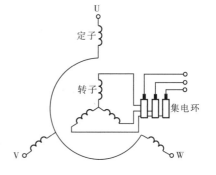

图 8-41 绕线式转子的调速原理示意图

如图 8-42 所示,在集电环处加入可调电阻就可控制电机的转速,常用于大功率电机设备。

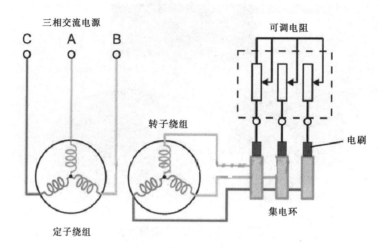

图 8-42　绕线式转子调速原理示意图

三相异步电机的工作原理:

当定子绕组通入三相交流电时,定子内部就会产生旋转磁场,转子处在定子产生的旋转磁场当中,由于相对运动切割磁感线,在转子绕组中产生感应电流,绕组中产生的感应电流受到磁场力的作用,使转子产生转动力矩。如果转子转速与定子产生的旋转磁场的转速相同,则转子与磁场相对静止,无法切割磁感线产生转动力矩,故我们把这种电机的运行方式称为"异步"。

(二)三相异步电机的绕组接法

三相异步电机的定子绕组为 3 个,每个绕组按照电机的类型绕成相同的匝数均匀分布地镶嵌在电子的定子当中,才能具备产生匀速旋转的磁场。

每相绕组的首与尾就是我们经常看到的电机上面的 6 个接线柱,标号分别为 U_1、U_2、V_1、V_2、W_1、W_2。图 8-43 所示为电机内部绕组及接线柱。

图 8-43　电机内部绕组及接线柱

我们这里用图 8-44 所示图形来表示绕组线圈。

如图 8-45 所示,A 相交流电接入 U_1 接线柱;B 相交流电接入 V_1 接线柱,C 相交流电接入 W_1 接线柱。电流在绕组之间形不成回路,所以无法形成旋转磁场,电机无法运行,

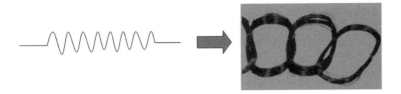

图 8-44 绕组线圈

所以我们对电机的绕组必须按一定方法连接,这样电机才可以正常工作,电机绕组的主要接法有 Y 形接法与△形接法两种。

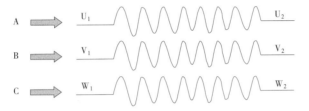

图 8-45 绕组接线

(1)Y 形接法:单向绕组电压为 220 V,具有启动电流小、转矩较小的特点,常用于额定功率小于 15 kW 的电机。Y 形/星形接法如图 8-46 所示。

图 8-46 Y 形/星形接法

(2)△形接法:单相绕组电压为 380 V,具有启动电流大、转矩大的特点,常用于额定功率大于 15 kW 的电机。△形/角形接法如图 8-47 所示。

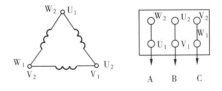

图 8-47 △形/角形接法

(三)三相异步电机的几种启动方式

1. 直接启动

当控制一些效率电机时,启动电流不大,可以采取直接启动的方式,通过按钮控制接触器线圈通断,使接触器主触头闭合与断开,从而控制电机的启停,如图 8-48 所示。

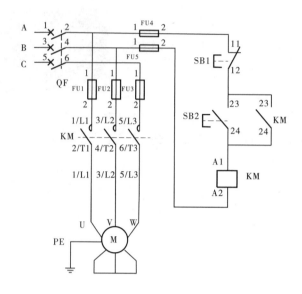

图 8-48　电机直接启动控制原理图

2. 星 – 三角启动

大功率电机在启动的瞬间,启动电流一般为正常工作电流的 4 ~ 7 倍,所以在很多设备中电机的启动一般采用星 – 三角启动,既有启动电流下的优点,又具备转矩大的优点。电机在启动时,电机的绕组连接方式为 Y 形,在运行一段时间后切换为△形,在线路上主要通过时间继电器以及 3 个交流接触器进行绕组切换。

启动时,接触器 KM1 与 KM2 闭合,电机三相绕组为星形连接,在经过设定的启动时间后,KM2 断开,KM3 闭合,此时电机绕组为三角形连接,这就是星 – 三角的启动过程(见图 8-49),这种启动方式在很多场合都在应用,成本低,易于维护。在液化工厂的空压制氮系统的压缩机部分,应用非常广泛。

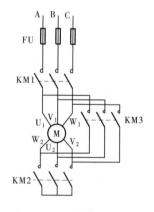

图 8-49　星 – 三角降压启动主电路图

3. 变频器启动

变频器(variable – frequency drive,VFD)是应用变频技术与微电子技术,通过改变电机工作电源频率方式来控制交流电动机的电力控制设备。电机转速与频率的公式为

$$n = 60f/p \qquad (8-1)$$

式中　n——电机的转速,r/min;

　　　60——每分钟,s;

　　　f——电源频率,Hz;

　　　p——电机的极对数(电机制造时已定)。

利用变频器也可以实现电机的平缓启动(软启动),我国电网交流电的频率为 50 Hz,

变频器可以改变进入电机交流电的频率来调节转速,如设置最低频率为 0,最高频率为 50 Hz,频率上升时间为 20 s。

变频器以及变频器与电机接线如图 8-50 所示。

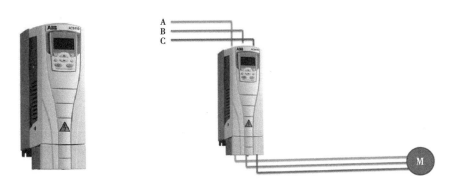

图 8-50　变频器以及变频器与电机接线

变频器是一种电源转换装置,将输入变频器的固定频率、固定电压的三相交流电转换成频率可调、电压可调的三相交流电。变频器向电动机提供了一种可变频率、可变电压的电源,从而改变电动机的转速,适合生产工艺设备的要求。

当前最广泛使用的交—直—交变频器,其基本结构由主电路和控制电路组成,主电路包括整流电路、直流中间电路、逆变电路,如图 8-51 所示。

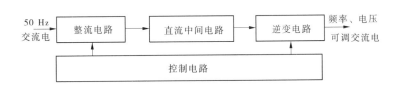

图 8-51　变频器内部工作流程

(1)整流器:又称电网侧变流器。其作用是把三相交流电整流成直流电流。

(2)逆变器:又称负载侧变流器。最常见的结构形式是由 6 个主开关器件组成三相桥式逆变电路,有规律地控制主开关器件的通与断,可以得到任意频率的三相交流电输出。

(3)中间直流环节:中间直流环节和电动机之间有无功功率的交换,这种无功能量要靠中间直流环节的储能元件(电容或电感)来缓冲,所以中间直流环节又称中间直流储能环节。

(4)控制电路:常由运算电路,检测电路,控制信号的输入、输出电路和驱动电路等构成。其主要任务是完成对逆变器的开关控制,对整流器的电压控制以及完成各种保护功能等。

变频器内部电路如图 8-52 所示。

变频器逆变电路功能简介如表 8-1 所示。

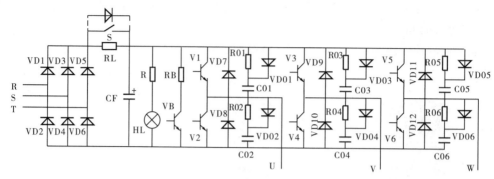

图8-52　变频器内部电路

表8-1　变频器逆变电路功能简介

逆变电路部分:将直流电逆变成频率、幅值都可调的交流电			
元件	三相逆变桥 V1～V6	续流二级管 VD7～VD12	缓冲电路 R01～R06、 VD01～VD06、 C01～C06	制动电阻 RB 和 制动三极管 VB
作用	通过逆变管 V1～V6 按一定规律轮流导通和截止,将直流电逆变成频率、幅值都可调的三相交流电	在换相过程中为电流提供通路	限制过高的电流和电压,保护逆变管免遭损坏	当电动机减速、变频器输出频率下降过快时,消耗因电动机处于再发生电制动状态而回馈到直流电路中的能量,以避免变频器本身的过电压保护电路动作而切断变频器的正常输出

变频器整流电路功能简介如表8-2所示。

表8-2　变频器整流电路功能简介

整流电路部分:将频率固定的三个交流电变换成直流电			
元件	三相整流桥	滤波电容器 CF	限流电阻 RL 与开关 S	电源指示灯 HL
作用	将交流电变换成脉动直流电。若电源线电压为 U_L,则整流后的平均电压 $U_0 = 1.35U$	滤平桥式整流后的电压纹波,保持直流电压平稳	接通电源时,将电容器 CF 的充电冲击电流限制在允许范围内,以保护整流桥。而当 CF 充电到一定程度时,令开关 S 接通,将 RL 短路	HL 除表示电源是否接通外,另一个功能是变频器切断电源后,指示电容器 CF 上的电荷是否已经释放完毕。在维修变频器时,必须等 HL 完全熄灭后才能接触变频器的内部带电部分,以保证安全

4. 软启动器启动

软启动器是一种集软启动、软停车、轻载节能和多功能保护于一体的电机控制装备。

其外观见图 8-53。实现在整个启动过程中无冲击而平滑的启动,而且可根据电动机负载的特性来调节启动过程中的各种参数,如限流值、启动时间等,软启动器采用三相反并联晶闸管作为调压器,将其接入电源和电动机定子之间。这种电路如三相全控桥式整流电路,使用软启动器启动电动机时,晶闸管的输出电压逐渐增加,电动机逐渐加速,直到晶闸管全导通,电动机工作在额定电压的机械特性上,实现平滑启动,降低启动电流,避免启动过流跳闸。待电机达到额定转数时,启动过程结束,软启动器自动用旁路接触器取代已完成任务的晶闸管,为电动机正常运转提供额定电压,以降低晶闸管的热损耗,延长软启动器的使用寿命,提高其工作效率,又使电网避免了谐波污染。软启动器同时提供软停车功能,软停车与软启动过程相反,电压逐渐降低,转数逐渐下降到零,避免自由停车引起的转矩冲击。

根据设备运行时软启动器是否在线,可将软启动器分为旁路型和无旁路型。

(1)旁路型软启动器:在电动机达到额定转数时,用旁路接触器取代已完成任务的软启动器,这样可以降低晶闸管的热损耗,提高其工作效率。

(2)无旁路型软启动器:在电动机达到额定转数时,晶闸管处于全导通状态,电动机工作于全压方式。

软启动器主电路接线图如图 8-54 所示。

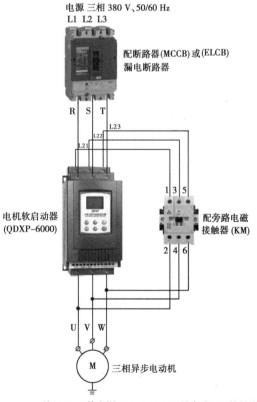

图 8-54 软启动器主电路接线图

图 8-53 软启动器的外观

【职业技能】

工作任务 14　电动机自锁控制线路的安装与调试

一、电动机自锁控制电气原理图

电动机自锁控制电气原理图如图 8-55 所示。

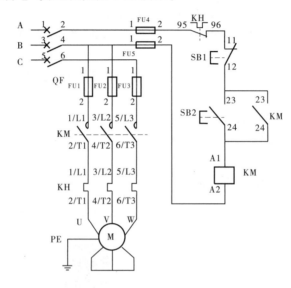

图 8-55　电动机自锁控制电气原理图

二、电动机自锁控制的工作原理

闭合空气开关 QF。

启动：

按下启动按钮 SB1→KM 线圈得电→$\begin{cases}\text{KM 主触头闭合}\\\text{KM 辅助常开触头闭合}\end{cases}$→电动机运转

松开启动按钮 SB1→KM 线圈持续得电→电动机持续得电运转

停止：

按下停止按钮 SB2→KM 线圈失电→$\begin{cases}\text{KM 主触头断开}\\\text{KM 辅助常开触头断开}\end{cases}$→电动机停转

三、电动机自锁控制接线图

（一）主电路

A→QF－1　　　　QF－2→FU1－1/FU4－1

B→QF－3　　　　QF－4→FU2－1/FU5－1

C→QF－5　　　　QF－6→FU3－1

FU1 - 2→KM - 1   KM - 2→KH - 1   KH - 2→U→M

FU2 - 2→KM - 3   KM - 4→KH - 3   KH - 4→V→M

FU3 - 2→KM - 5   KM - 6→KH - 5   KH - 6→W→M

（二）控制电路

FU4 - 2→KH - 95   KH - 96→SB1 - 11   SB1 - 12→SB2 - 23   SB2 - 24→KM - A1

KM - A2→FU5 - 2

SB2 - 23→KM - 23   SB2 - 24→KM - 24

四、实训步骤

（1）各组拆实训台,整理器件,为实训做准备。

（2）各组领工具、万用表、低压电器、铜线、线号管、线鼻子开始实训。

（3）电气设备安装与布局:

①按照设计好的实训台线槽图进行安装, 线槽安装一定要固定好,短距离的线槽两端固定即可,长距离的线槽酌情增加固定螺丝,线槽拐弯处,要切45°角进行对接。

②定义整个安装器件的上、下、左、右的顺序。电气接线的原则就是先上后下、先左后右。

③断路器安装在最上端,而且设备安装时正反要注意。其他电气设备按顺序安装,保证间距方便线槽的安装。

④断路器和熔断器安装在 C 型导轨上,并且安装时要注意,以免损坏卡槽。

⑤交流接触器用螺丝固定,注意不能出现晃动,也不能过紧,避免导致交流接触器破坏。

⑥按钮架用螺丝固定,注意不能晃动,正确安装按钮,注意不能有松动。

⑦安装端子要用螺丝固定好,注意位置要合理。

（4）电气线路的安装。

①识读接线图纸,对应好电气设备上的每一个点,以免接线错误。

②下线的时候一定要留有余量,然后套线号管,表明线路的来龙去脉,注意线号管的安装要以相反的标识安装,以便检修查找。

③线头先用剥线钳剥5 mm 的长度,然后在线头上安装线卡、线鼻子,安装时一般采用斜口钳,先把线鼻子的一边压下去,另一边再包下去,注意不能有铜丝外露。

④接主电路的线路,按照顺序往下接,写好线号管,线路要入线槽,安装要牢固,注意不能用蛮力,以免损坏螺丝。

⑤接控制电路的线路,要注意端子要短接,按照顺序往下接,写好线号管,线路要入线槽,安装要牢固,注意不能用蛮力,以免损坏螺丝。

（5）线路检测。

①使用万用表蜂鸣挡进行检测。

②按照接线图逐一检测,并且要检测接触器、热继电器以及按钮的常开常闭触头是否正常。

（6）通电试车。

①在老师的监督下进行通电试车。

②通电前检测断路器是否断开、熔断器是否已经安装好熔体,并检测熔体是否损坏。

③通电之后,闭合断路器,用电笔检测断路器上口是否带电,检测电力拖动实训台安装板是否存在漏电现象。

④检查完毕按按钮进行操作。

工作任务15 电动机远程就地控制线路的安装与调试

一、电气原理图(本工作任务以西门子S7200PLC以及组态王软件为硬件平台)

电动机远程就地控制原理图如图8-56所示。

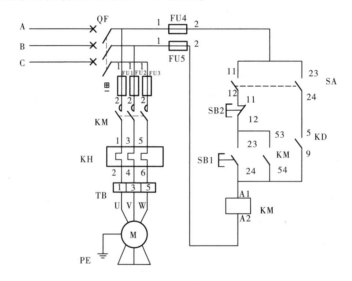

图8-56 电动机远程就地控制原理图

(一)手动控制

拨SA11−12接通,(手动)按下启动SB1→KM线圈得电→KM主触头以及辅助常开触点吸合→电动机得电→完成设备启动。

按下停止按钮SB2→KM线圈失电→KM主触头以及辅助常开触点复位→电动机失电→完成设备停止。

(二)自动控制

PLC端子接线图如图8-57所示。拨SA到自动(远程或遥控),此时接点SA23−24接通,当上位机组态出现一个启动信号时,回路SA自动状态→PLC−KD线圈得电→KD常开触头闭合→KM线圈带电→KM主触头吸合→设备远程控制启动完成;当上位机组态出现一个停止信号时,KD线圈失电→KD常开触头断开→KM线圈失电→KM主触头复位→完成设备自动停止。

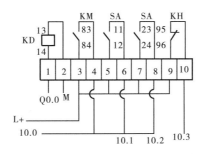

图 8-57 PLC 端子接线图

二、电气接线图

（一）主电路

A→QF－1	QF－2→FU1－1/FU4－1
B→QF－3	QF－4→FU2－1/FU5－1
C→QF－5	QF－6→FU3－1
FU1－2→KM－1	KM－2→KH－1
KU2－2→KM－3	KM－4→KH－3
FU2－2→KM－5	KM－6→KH－5
KH－2→TB－1	TB－1→U→M
KH－4→TB－3	TB－3→V→M
KH－6→TB－5	TB－5→W→M

（二）控制电路

FU4－2→SA－11/SA－23	SA－12→SB2－11	SB2－12→SB1－23/KM－53
KM－54→SB1－24	SB1－24→KM－A1	KM－A2→FU5－2
SA－24→KD－5	KD－9→KM－54→KM－A1	

三、程序编写以及组态王软件的开发

（一）I/O 地址分配表

I/O 地址分配见表 8-3。

表 8-3 I/O 地址分配

序号	点数	读写属性	功能
1	M0.0	写	启动按钮
2	M0.1	写	停止按钮
3	Q0.0	读	电机运行的状态
4	I0.0	读	交流接触器（KM）反馈
5	I0.1	读	就地反馈
6	I0.2	读	远程反馈
7	I0.3	读	热继电器（KH）反馈

（二）程序编写

点击软件中"位逻辑"选择指令进行编写程序。PLC 程序编写如图 8-58 所示。

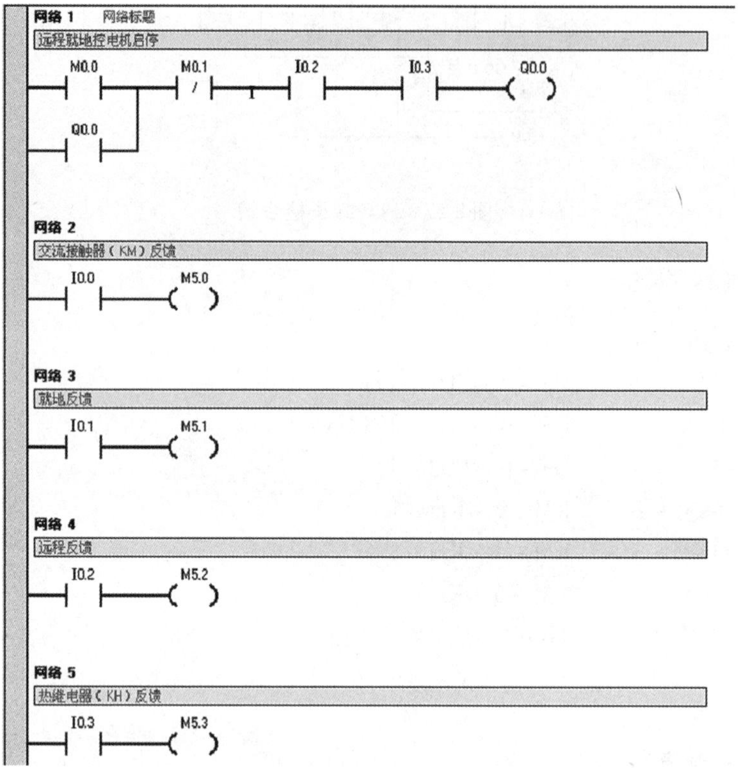

图 8-58　PLC 程序编写

（三）下载程序

点击图中" ▼ "符号进行下载，见图 8-59。

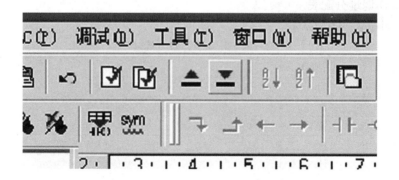

图 8-59　程序下载

点击"下载"按钮,如图 8-60 所示。

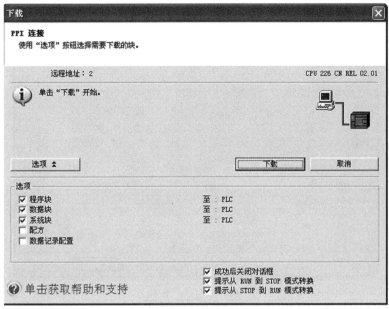

图 8-60　程序下载界面

(四)PLC 接线原理图

PLC 接线原理图如图 8-61 所示。

(五)组态王软件的开发

(1)结合第一章工作任务 3"压力变送器的数据反馈"的步骤完成新建组态工程以及硬件设备的通信等。

(2)新建数据词典。

①在工程编辑界面单击"数据词典",如图 8-62 所示。

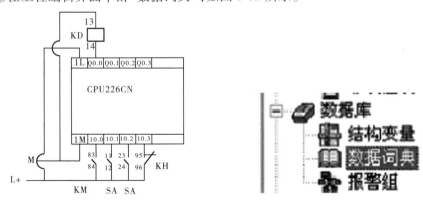

图 8-61　PLC 接线原理图　　　　　图 8-62　数据词典界面

②双击"新建",新建第一个变量"启动按钮",根据图 8-63 填写对应位置。完成后单击"确定"。

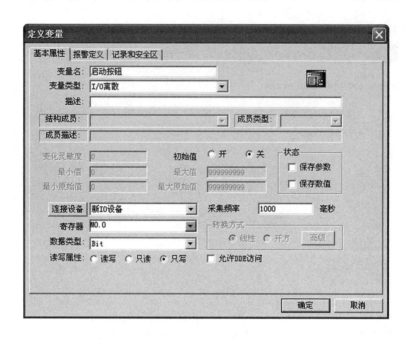

图 8-63 "启动按钮"变量建立

③继续双击"新建",新建变量"停止按钮",根据图 8-64 填写对应位置。完成后单击"确定"。

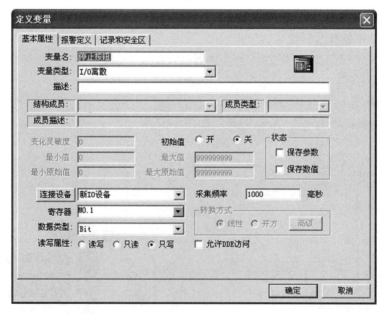

图 8-64 "停止按钮"变量建立

④继续双击"新建",新建反馈变量"电机运行状态",根据图 8-65 填写对应位置。完成后单击"确定"。

图 8-65　"电机运行状态"反馈变量建立

⑤继续双击"新建",新建变量"就地反馈",根据图 8-66 填写对应位置。完成后单击"确定"。

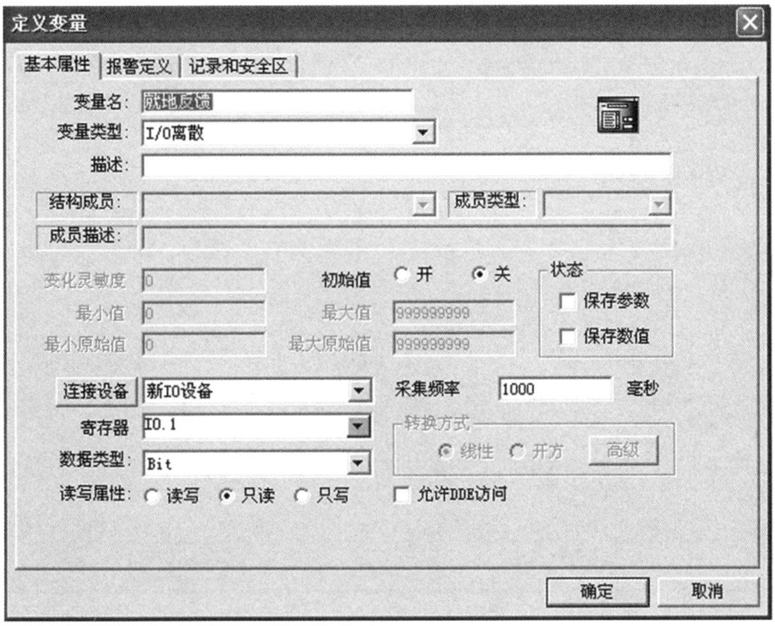

图 8-66　"就地反馈"变量建立

⑥继续双击"新建",新建变量"远程反馈",根据图 8-67 填写对应位置。完成后单击"确定"。

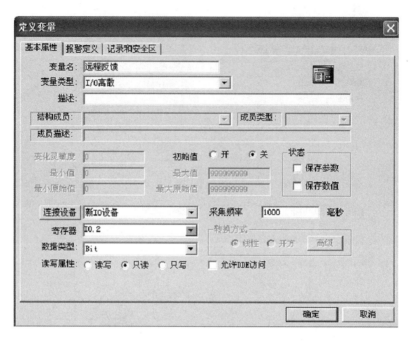

图 8-67 "远程反馈"变量建立

⑦继续双击"新建",新建变量"热继电器(KH)反馈",根据图 8-68 填写对应位置。完成后单击"确定"。

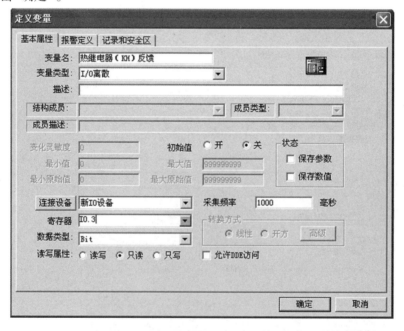

图 8-68 "热继电器(KH)反馈"变量建立

(3)编辑画面。

①在工程编辑界面单击"画面"并双击"新建",如图 8-69 所示。

图 8-69　画面编辑界面

②根据提示输入画面名称"远程就地控电机启停"并单击"确定",如图 8-70 所示,进入画面编辑界面。

图 8-70　新建画面

③点击"打开图库"(见图 8-71),在"马达"中选择一个图形并双击,如图 8-72所示。

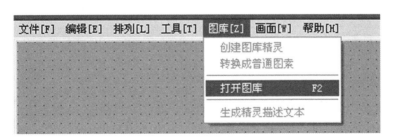

图 8-71　打开图库

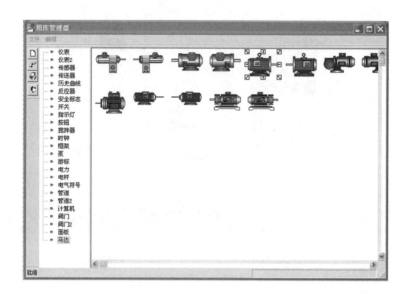

图 8-72　选择电机

④在"工具箱"中单击"按钮",并在界面中画出两个"按钮",右键单击按钮选择"字符串替换",分别将两个按钮的字符串替换为"启动""停止",如图 8-73 所示。

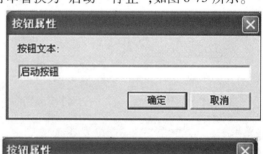

图 8-73　按钮画面设置

⑤设置完成后画面如图 8-74 所示。

⑥点击"工具箱"中的"T"(文本输入),分别输入"远程""就地""过载"字样,如图 8-75 所示。

(4)数据连接。

①双击画面中的电机,进入变量选择界面,如图 8-76 所示。

②单击"?"选择变量名称"电机运行状态",设置完成后单击"确定",如图 8-77 所示。

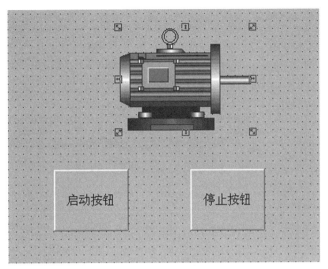

图 8-74　画面开发

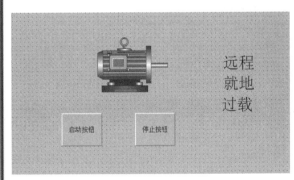

图 8-75　反馈画面设置

马达向导

变量名(离散量)：

颜色设置

开启时颜色：　　　　　　关闭时颜色：

等价键

☐ Ctrl　　☐ Shift　　　　　无

访问权限：0　　　　　安全区：　　...

确定　　　取消

图 8-76　数据连接(1)

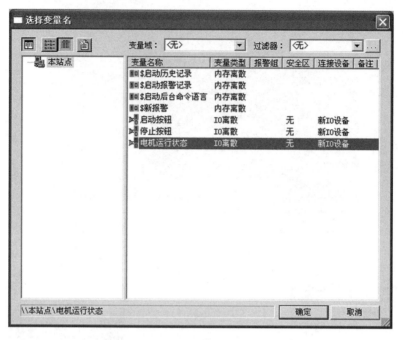

图 8-77　数据连接(2)

③双击画面中的启动按钮,进入动画连接界面,单击"按下时",选择变量"启动按钮"并输入编程指令"=1;"然后单击"确认",如图 8-78 所示。

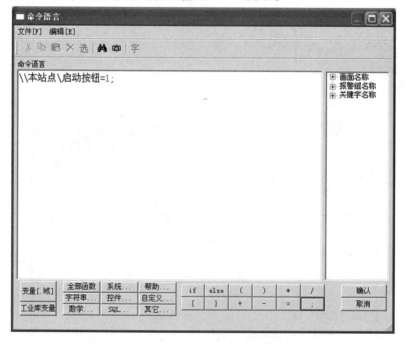

图 8-78　数据连接(3)

④用同样的方式设置"弹起时":"启动按钮=0;",如图 8-79 所示。

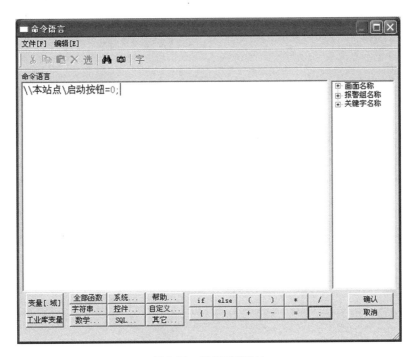

图 8-79　数据连接(4)

⑤完成后单击"确认",并对"停止按钮"进行设置,设置"按下时":"停止按钮 =1;"(见图 8-80),"弹起时":"停止按钮 =0;"(见图 8-81),单击"确认",完成数据连接。

图 8-80　数据连接(5)

注意:分号";"一定要键入。

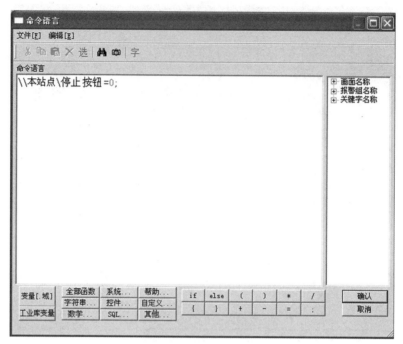

图 8-81　数据连接(6)

　　⑥双击"就地"字样,选择"离散值输出"点击"?",选择"就地反馈"连接;并根据对话框中的内容选择"表达式为真时,输出信息"为"就地","表达式为假时,输出信息"为"　　",如图 8-82 所示。

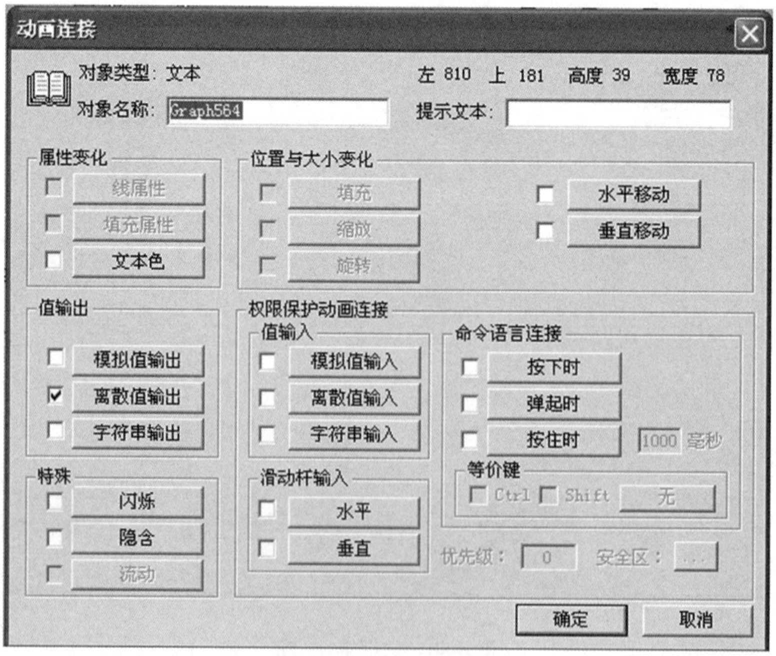

图 8-82　数据连接(7)

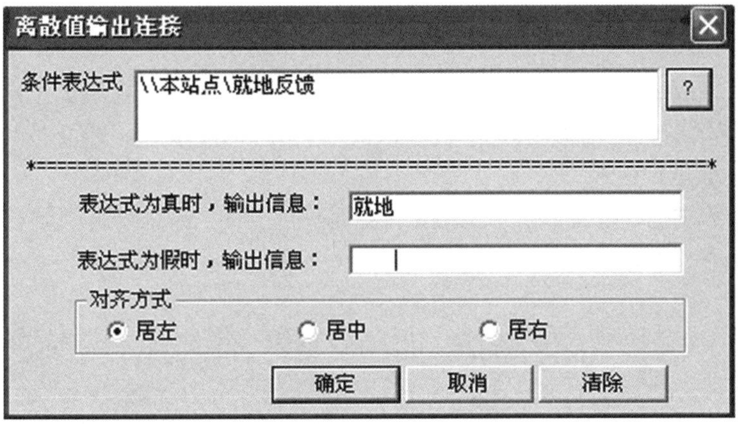

续图 8-82

⑦采用同样的方法连接"远程""过载"字样,如图 8-83 所示。

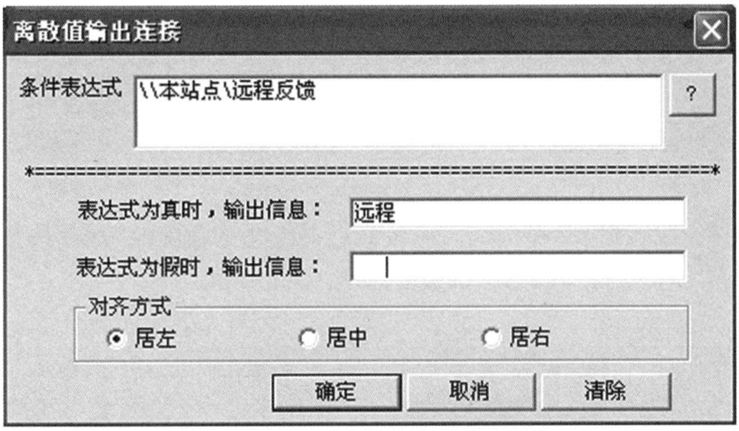

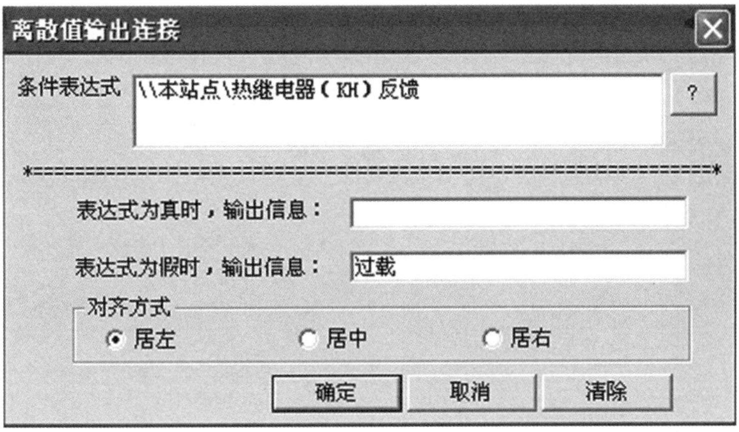

图 8-83　数据连接(8)

四、运行调试

以上步骤完成后开始运行调试,确保 PLC 编程软件已关闭,在画面上单击右键选择"切换到 VIEW",打开之前编辑好的画面,依次按下"启动按钮"与"停止按钮",观察上位机的控制与显示是否正常。

(1)旋转按钮旋转到"就地"状态,按下实训平台上的"启动按钮"和"停止按钮",观察电机运转状态,如图 8-84 所示。

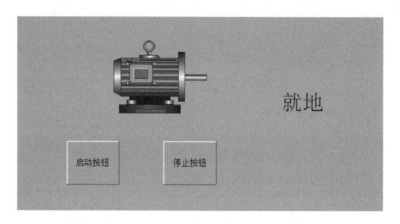

图 8-84 运行画面(1)

(2)旋转按钮旋转到"远程"状态,用鼠标点击组态王画面的"启动按钮",观察电机运行状态;按下"停止按钮",观察电机状态,如图 8-85 所示。

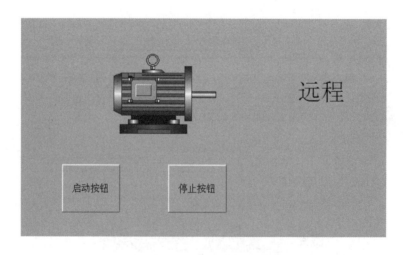

图 8-85 运行画面(2)

(3)手动调节热继电器的"过载"状态,观察组态王界面反馈以及电机的运行状态,如图 8-86 所示。

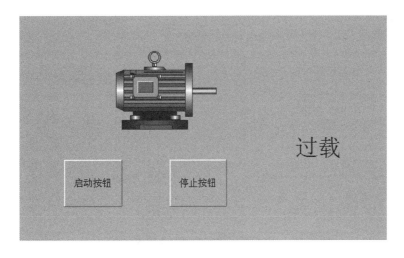

图 8-86　运行画面（3）

工作任务 16　电动机的软启动

一、软启动器的结构原理

软启动器简单地讲就是电子式调压器。实现的方式:通过采用晶闸管功率开关元件,对晶闸管的导通角进行控制。晶闸管在一个电源周期中处于通态的电角度称为导通角,用 θ 表示。

在三相电源与电动机间串入三相并联晶闸管,利用晶闸管的移相控制原理,改变晶闸管的触发角,启动时电动机端电压随晶闸管的导通角从零逐渐上升,电动机逐渐加速,直到晶闸管全导通,电动机工作在额定电压的机械特性上,实现平滑启动,降低启动电流,避免启动过流跳闸。待电动机达到额定转数时,启动过程结束,软启动器自动用旁路接触器取代已完成任务的晶闸管,为电动机正常运转提供额定电压。此外,软启动器还可以实现软停车,停车时先切断旁路接触器,然后控制软启动器内晶闸管导通角由大逐渐减小,使三相供电电压逐渐减小,电动机转速由大逐渐减小到零,停车过程完成。

软启动器内部结构如图 8-87 所示。

二、软启动器面板介绍

西门子 3RW30 型软启动器自带旁路接触器。面板上包括进线接线端子、控制接线端子、设备状态与故障指示灯、启动电压设置旋钮、启动时间设置旋钮和出线接线端子,如图 8-88 所示。

(一)主电路接线

先将三相电源从断路器的出线端接到软启动器的进线端,然后从软启动器的出线端依次接到电动机的接线端上,电动机可采用星形接线或三角形接线,如图 8-89 所示。

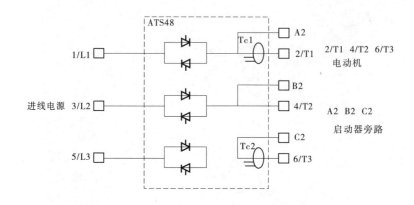

图 8-87　软启动器内部结构

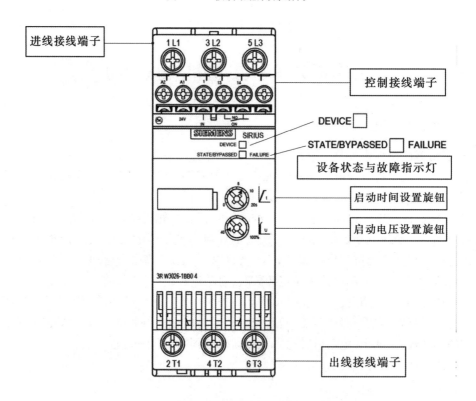

图 8-88　软启动器面板

（二）控制电路接线

13、14 接线端子为软启动器的常开辅助触头，当软启动器启动后 13、14 接通。按图 8-90 完成接线，当按下按钮 SB1 时，1 号端子得电，软启动器启动，电动机开始旋转，同时 13、14 之间的常开触头闭合，当松开按钮 SB1 后，L1 可通过 14、13 与 1 号端子连通，完成自锁。按下按钮 SB2，1 号端子失电，电动机停止。

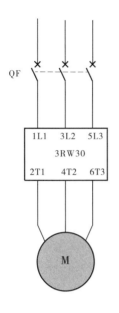

图 8-89 软启动器与电动机主电路连接

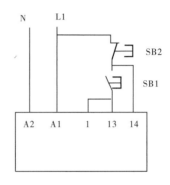

图 8-90 软启动器与电动机控制电路连接

（三）参数设置

用改锥调节旋钮,选择适当的启动时间与启动电压,如图 8-91 所示。参数设定参考值如表 8-4 所示。

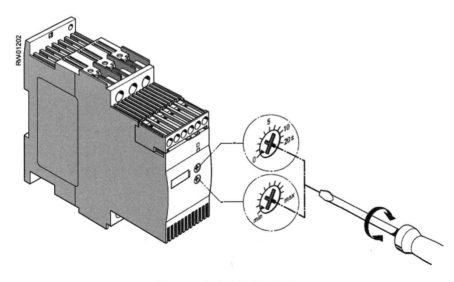

图 8-91 软启动器参数设置

（四）运行调试

运行前首先检查线路连接是否正确。检查完毕后,闭合断路器接通电源,按下"启动"按钮并观察电机运行状态,测试电路功能是否实现。

表8-4   参数设定参考值

参考设定	启动参数	
使用目的	启动电压 (%) 40 100%	启动时间 (s) 5 10 0 20 s
传送带	70	10
滚子传送带	60	10
压缩机	50	20
小风扇	40	20
泵	40	10
液压泵	40	10
搅动装置	40	20

工作任务 17   电动机的变频控制

本工作任务要实现变频器对三相异步交流电动机的变频调速控制。

硬件:①西门子变频器 V20;②三相异步交流电动机一台;③导线若干;④相关电工工具一套。

一、变频器面板介绍

西门子变频器 V20 的内置基本操作面板(BOP,见图 8-92)有一个液晶显示屏能够显示变频器的参数。对应的按钮能够完成变频器的启停、调速以及参数设置。

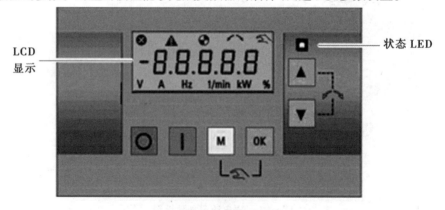

图 8-92   基本操作面板

面板上各按钮的功能如表 8-5 所示。

表 8-5　面板按键功能

	停止变频器	
◎	单击	"手动"模式下的 OFF1 停车方式
	双击	OFF2 停车方式:电动机不采用任何斜坡下降时间按惯性自由停车
I	在"手动"/"点动"模式下启动变频器	
	多功能按钮	
M	短按(< 2 s)	进入参数设置菜单或转至下一显示画面
		就当前所选项重新开始按位编辑
		返回故障代码显示画面
		在按位编辑模式下连按两次即撤销变更并返回
	长按(>2 s)	返回状态显示画面
		进入设置菜单
OK	短按(< 2 s)	在状态显示数值间切换
		进入数值编辑模式或换至下一位
		清除故障
		返回故障代码显示画面
	长按(> 2 s)	快速编辑参数号或参数值
		访问故障信息数据
M + OK	按下该组合键在"手动"模式(显示手形图标)/"点动"模式(显示闪烁的手形图标)/"自动"模式(无图标)间切换	
▲	浏览菜单时向上选择,增大数值或设定值 长按(>2 s)快速增大数值	
▼	浏览菜单时向下选择,减小数值或设定值 长按(>2 s)快速减小数值	
▲ + ▼	使电机反转	

二、变频器接线

按照图 8-93 所示完成接线。

三、恢复出厂设置

（1）接通变频器电源并从显示菜单开始。

（2）短按 $\boxed{M}$ 小于 2 s 切换至参数菜单。

（3）按下 $\boxed{\blacktriangle}$ 或 $\boxed{\blacktriangledown}$ 选择 P0010 并按下 $\boxed{OK}$ 设置 P0010 = 30。

（4）按下 $\boxed{\blacktriangle}$ 选择 P0970 并按下 $\boxed{OK}$ 设置 P0970 = 1 或 P0970 = 21。

四、参数设置

恢复完出厂设置，将进行变频器的参数设置。图 8-94 所示是设置流程。

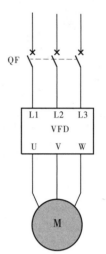

图 8-93　变频器接线原理图

（一）频率选择

可通过 $\boxed{\blacktriangle}$ 或 $\boxed{\blacktriangledown}$ 改变选项，选择 50 Hz。按下 $\boxed{OK}$，频率选择完成并进入下一步。

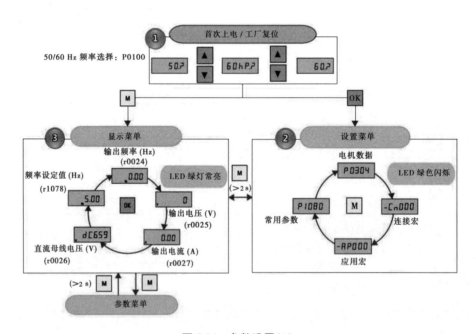

图 8-94　参数设置（1）

（二）设置参数

进入设置菜单，进行电动机数据、连接宏、应用宏和常用参数的设置。

按照图 8-95 指示首先进入电动机数据设置，然后根据所使用电动机的参数（见表 8-6）来设置数据。

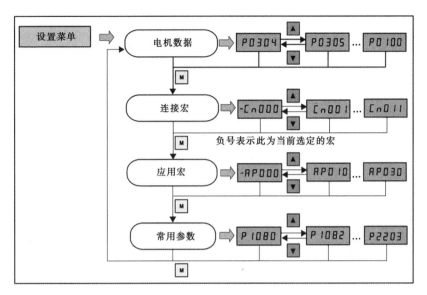

图 8-95 参数设置（2）

表 8-6 参数设置（3）

参数	描述	参数	描述
P0304	电动机额定电压［V］	P0310	电动机额定频率［Hz］
P0305	电动机额定电流［A］	P0311	电动机额定转速［RPM］
P0307	电动机额定功率［kW］	P1900	选择电动机数据识别
P0308	电动机额定功率因数［cosφ］		＝0：禁止
P0309	电动机额定效率［％］		＝2：静止时识别所有参数

具体操作步骤如下：

（1）通过 ▲ 或 ▼ 选择对应参数，按下 OK 开始设置该参数数值，通过 ▲ 或 ▼ 改变参数数值，修改好参数按下 OK 返回参数选择界面，然后继续修改其他参数。

（2）电动机数据设置完成后按下 M ，开始设置连接宏（变频器的操作接线方式），此处选择 Cn001（BOP 为唯一控制源）并按下 OK ，连接宏设置完成。

（3）应用宏与常用参数可直接跳过。

（三）保存参数

长按 M 2 s，返回显示菜单，参数设置完成。

五、运行调试

确认接线与参数设置无误后，开始运行调试。

（1）单击按钮 I 启动电动机，用 ▲ 或 ▼ 调节变频器的输出频率，从而控制电动机的转速。

（2）单击按钮 O 使电动机停止运转。

（3）使用 M ＋ OK 组合键将变频器切换到点动模式。按下 I 电动机启动；松开 I 电动机停止。

附　录

附录1　电气仪表维修工题库

一、单项选择题

1. 根据《自动化仪表管理规定》,对单位价值在 2 000 元以上,使用期限超过(　　)的自动化仪表应建立设备档案。

第 1-50 题

    A. 半年　　　　　　　　B. 一年

    C. 两年　　　　　　　　D. 三年

2. 根据《自动化仪表春(秋)检作业指导书》,公司各派出机构完成仪表春(秋)检后(　　)个工作日内提交相关春(秋)检分析总结报告,及时反映所发现的问题。

    A. 5　　　　　　B. 7　　　　　　C. 10　　　　　　D. 15

3. 根据《可燃气体探测报警系统运行维护规程》(Q/SY XQ54—2003),火灾报警系统每月全面检查一次,每(　　)采用普通酒精对探测窗口沉积的灰尘进行清洗,检查各种功能测试、声光报警测试及报警复位功能是否正常。

    A. 1 个月　　　　B. 3 个月　　　　C. 半年　　　　D. 1 年

4. A/D 转换是将模拟信号转换成(　　)信号。

    A. 数字　　　　　B. 脉冲　　　　　C. 模拟　　　　　D. 频率

5. Rotork 电动执行器电气端盖上的(　　)旋钮用来选择远程控制、手动控制和就地控制。

    A. 红色　　　　　B. 黄色　　　　　C. 黑色　　　　　D. 棕色

6. 由于消防检测仪表故障导致站场 ESD 功能启动,必须(　　)向生产运行处进行口头报告,3 天以内将自动化仪表事故上报生产运行处。

    A. 立即　　　　　B. 1 h 内　　　　C. 2 h 内　　　　D. 4 h 内

7. 一种电缆的型号为 KVVP$_2$,“K”代表的意思是(　　)。

    A. 控制电缆　　　B. 铠装电缆　　　C. 铜芯电缆　　　D. 绝缘电缆

8. 以完全真空作为零标准表示的压力称为(　　)。

    A. 绝对压力　　　B. 差压力　　　　C. 表压力　　　　D. 负压力

9. 齐纳式安全栅是基于齐纳二极管(　　)性能工作的。

    A. 正向导通　　　B. 反向击穿　　　C. 反向截止　　　D. 正向击穿

10. 根据《中华人民共和国爆炸危险场所电气安全规程》,对爆炸性物质分为三类,其中,爆炸性气体属于(　　)。

　　A. Ⅰ 类　　　　　　　B. Ⅱ 类　　　　　　　C. Ⅲ 类　　　　　　　D. Ⅰ 类、Ⅱ 类

11. 在生产运行过程中,当 ESD 条件被触发后,触发条件要保持(　　)才能被 ESD 系统采集到。

　　A. 200 ms　　　　　　B. 300 ms　　　　　　C. 400 ms　　　　　　D. 500 ms

12. 有一块仪表因某种原因损坏需要维修,修理用材料费为 3 000 元,修理检定工时为 6 h,单位小时工时费为 110 元,该仪表损失价值为(　　)元。

　　A. 2 340　　　　　　B. 3 110　　　　　　C. 3 660　　　　　　D. 3 770

13. 自动化仪表巡检记录由巡检记录填写部门至少归档保存(　　)年。

　　A. 1　　　　　　　　B. 2　　　　　　　　C. 3　　　　　　　　D. 4

14. Rotork 电动执行器电气端盖上的(　　)旋钮用来执行开关阀操作。

　　A. 红色　　　　　　　B. 黄色　　　　　　　C. 黑色　　　　　　　D. 棕色

15. 自动化仪表春(秋)检每年应该按时进行,若因实际条件限制,春(秋)检周期可适当延长(　　)。

　　A. 一周　　　　　　　B. 两周　　　　　　　C. 一个月　　　　　　D. 两个月

16. 在布置仪表盘时,横排端子距盘底不应小于(　　)。

　　A. 200 mm　　　　　B. 100 mm　　　　　C. 80 mm　　　　　　D. 50 mm

17. 调制解调器的功能是(　　)。

　　A. 模拟信号与数字信号的转换　　　　　　B. 数字信号的编码

　　C. 模拟信号的放大　　　　　　　　　　　D. 数字信号的整形

18. 仪表受环境条件(温度、电源电压)变化造成误差属于(　　)。

　　A. 系统误差　　　　　B. 随机误差　　　　　C. 疏忽误差　　　　　D. 基本误差

19. 罗斯蒙特系列变送器采用(　　)手操器进行设备通信。

　　A. HART　　　　　　B. SFC　　　　　　　C. BT200　　　　　　D. FF

20. 某压力变送器的测量范围为 0 ~ 100 kPa,现零点迁移 100%,则仪表的测量范围为(　　)。

　　A. 0 ~ 100 kPa　　　B. 50 ~ 100 kPa　　　C. − 50 ~ + 50 kPa　　D. 100 ~ 200 kPa

21. 下列属于双字寻址的是(　　)。

　　A. QW1　　　　　　B. V10　　　　　　　C. IB0　　　　　　　D. MD28

22. 只能使用字寻址方式来存取信息的寄存器是(　　)。

　　A. S　　　　　　　　B. I　　　　　　　　C. HC　　　　　　　　D. AI

23. SM 是(　　)的标识符。

　　A. 高速计数器　　　　　　　　　　　　　B. 累加器

　　C. 内部辅助寄存器　　　　　　　　　　　D. 特殊辅助寄存器

24. CPU214 型 PLC 本机 I/O 点数为(　　)。

　　A. 14/10　　　　　　B. 8/16　　　　　　　C. 24/16　　　　　　D. 14/16

25. CPU214 型 PLC 有(　　)通信端口。

　　A. 2 个　　　　　　　B. 1 个　　　　　　　C. 3 个　　　　　　　D. 4 个

26. HSC1 的控制寄存器是(　　)。

  A. SMW137   B. SMB57   C. SMB47   D. SMW147

27. 指令的脉宽值设定寄存器是(   )。

  A. SMW80   B. SMW78   C. SMW68   D. SMW70

28. 顺序控制段开始指令的操作码是(   )。

  A. SCR   B. SCRP   C. SCRE   D. SCRT

29. S7 – 200 系列 PLC 继电器输出时的每点电流值为(   )。

  A. 1 A   B. 2 A   C. 3 A   D. 4 A

30. 字传送指令的操作数 IN 和 OUT 可寻址的寄存器不包括(   )。

  A. T   B. M   C. AQ   D. AC

31. PLC 的系统程序不包括(   )。

  A. 管理程序   B. 供系统调用的标准程序模块

  C. 用户指令解释程序   D. 开关量逻辑控制程序

32. PID 回路指令操作数 TBL 可寻址的寄存器为(   )。

  A. I   B. M   C. V   D. Q

33. 并行数据通信是指以(   )为单位的数据传输方式。

  A. 位或双字   B. 位或字   C. 字或双字   D. 字节或字

34. RS – 232 串行通信接口适合于数据传输速率在(   )范围内的串行通信。

  A. 0 ~ 20 000 bps   B. 0 ~ 2 000 bps   C. 0 ~ 30 000 bps   D. 0 ~ 3 000 bps

35. 当数据发送指令的使能端为(   )时将执行该指令。

  A. 1   B. 0   C. 由 1 变 0   D. 由 0 变 1

36. 仪表按照使用场合分类,可分为(   )。

  A. 就地指示型、远传型

  B. 指示型、记录型、累积型、信号型、远传型

  C. 就地指示型、远传型、信号型

  D. 工业用仪表、范型仪表、标准仪表

37. 若波特率为 1 200,每个字符有 12 位二进制数,则每秒钟传送的字符数为(   )个。

  A. 120   B. 100   C. 1 000   D. 1 200

38. EM231 模拟量输入模块最多可连接(   )个模拟量输入信号。

  A. 4   B. 5   C. 6   D. 3

39. 在热力试验中,常用来测量微小正压、负压的差压的压力计是(   )。

  A. U 形管压力计   B. 单管式压力计

  C. 斜管式压力计   D. 弹性式压力计

40. 字取反指令梯形图的操作码为(   )。

  A. INV – B   B. INV – W   C. INV – D   D. INV – X

41. 下列是合成 DCS 系统服务器的是(   )。

  A. OP61   B. OP63   C. OP65   D. OP67

42. 煤气炉 K 型温度显示 65535,则表示(   )。

A. 通道损坏　　　　 B. 测温套管损坏　 C. 超出量程　　　 D. 线路故障

43. 计算机控制系统中主机接收现场信号经过运算、判断和处理后,做出各种控制决策,这些决策以(　　)形式输出。

A. 十进制　　　　　 B. 十六进制　　　 C. 二进制　　　 D. 八进制

44. 我们常提到的 PLC 是(　　)。

A. 可编程调节器　　　　　　　　B. 可编程逻辑控制器

C. 集散控制系统　　　　　　　　D. 以上都不是

45. DCS 的核心是(　　)。

A. 操作站和工程师站　　　　　　B. 过程控制站

C. 数据通信系统　　　　　　　　D. 系统电源

46. DCS 显示画面大致分成四层,(　　)是最上层的显示。

A. 单元显示　　　　 B. 组显示　　　　 C. 区域显示　　　 D. 细目显示

47. (　　)是采用扫描方式工作的。

A. 可编程序控制器　 B. 工控机　　　　 C. 普通 PC 机　　 D. 单片机

48. DCS 系统最佳环境温度和最佳相对湿度分别是(　　)。

A. (15 ± 5)℃,40% ~ 90%　　　　B. (20 ± 5)℃,20% ~ 80%

C. (25 ± 5)℃,20% ~ 90%　　　　D. (20 ± 5)℃,40% ~ 80%

49. DCS 系统一旦出现故障,首先要正确分析和诊断(　　)。

A. 故障发生的原因　　　　　　　B. 故障带来的损失

C. 故障发生的部位　　　　　　　D. 故障责任人

50. 由于系统的规模不同,各行业对 PLC 大、中、小型的划分也不尽一致。在石油化工行业中,1024 点属于(　　)。

A. 小型 PLC　　　　 B. 中型 PLC　　　 C. 大型 PLC　　　 D. 超大型 PLC

51. 在集散控制系统中,常见的复合型网络是星形/总线型和总线/总线型等。其中,DCS 系统和上位机系统常采用(　　)。

A. 星形/总线型　　　 B. 星形/星形　　　 C. 总线/环形

D. 总线/总线型

第 51 - 100 题

52. 插拔 DCS 各类卡件时,为防止人体静电损伤卡体上的电气元件,应(　　)插拔。

A. 在系统断电后　　　　　　　　B. 戴好接地环或防静电手套

C. 站在防静电地板上　　　　　　D. 清扫灰尘后

53. 在 PLC 的硬件结构中,与工业现场设备直接连接的部分是(　　)。

A. 中央处理器　　　 B. 编程器　　　　 C. 存储器　　　 D. 输入/输出单元

54. 在 PLC 的输入/输出单元中,光电耦合电路的主要作用是(　　)。

A. 信号隔离　　　　　　　　　　B. 信号传输

C. 信号隔离与传输　　　　　　　D. 状态显示

55. 在进行 PLC 程序调试前,应做好(　　)准备工作。

A. 外部接线检查　　　　　　　　B. 供电系统检查

C. PLC 的通信连接检查　　　　　　　　D. 以上三项

56. PLC 系统输入、输出模块单点破坏的原因是(　　)。

　　A. 接线端子松动　　B. 程序出错　　　C. 过电压　　　　D. CPU 故障

57. PLC 系统工作不稳定、频繁停机的原因是(　　)。

　　A. 供电电压接近上、下限值　　　　　　B. 主机系统模块接触不良

　　C. CPU 内存元件松动或故障　　　　　　D. 以上三项

58. 为保证齐纳式安全栅工作的可靠性,应将它安装在与仪表柜(盘)绝缘的铜板安装条上,并将铜板安装条与系统电源的(　　)相连接。

　　A. 安全接地端子　　B. 系统接地端子　　C. 负输出端子　　D. 零电位端子

59. 集散控制系统是计算机技术、(　　)、图形显示技术和控制技术相融合的产物。

　　A. 动力技术　　　　B. 通信技术　　　　C. 检测技术　　　　D. 机械技术

60. 集散控制系统的组态方法一般分为填表格法和(　　)两类。

　　A. 编程法　　　　　B. 计算法　　　　　C. 模拟法　　　　　D. 分解法

61. 操作站硬件发生故障时,常采用排除法和(　　)。

　　A. 观察法　　　　　B. 软件分析法　　　C. 替换法　　　　　D. 电测法

62. 操作站软件发生故障时,一般分为计算机操作系统软件故障和(　　)两大类。

　　A. 分时软件故障　　B. 显示软件故障　　C. 实时软件故障　　D. DCS 软件故障

63. 集散控制系统的通信包括通信电缆和(　　)。

　　A. 通信双绞线　　　B. 通信同轴电缆　　C. 通信光纤　　　　D. 通信卡件

64. 通道原件损坏后,首先应该(　　)。

　　A. 查找空余通道　　B. 更新数据至新通道

　　C. 更改通道连线　　D. 换保险

65. I/O 卡件故障包括 I/O 处理卡故障、(　　)故障和它们之间连接排线的故障。

　　A. 控制器　　　　　B. 运算器　　　　　C. 处理器　　　　　D. 端子板

66. 关于 DCS 的系统结构,下列说法错误的是(　　)。

　　A. 工程师站的具体功能包括系统生成、数据库结构定义、组态、报表程序编制等

　　B. 操作站主要完成对整个工业过程的实时监控,直接与工业现场进行信息交换

　　C. 操作站是由工业 PC 机、CRT、键盘、鼠标、打印机等组成的人机系统

　　D. 过程控制网络实现工程师站、操作站、控制站的连接,完成信息、控制命令的传输与发送

67. 按 DCS 系统检修规程要求,用标准仪器对 I/O 卡件进行点检,通常校验点选(　　)。

　　A. 零点、满量程　　　　　　　　　　　　B. 零点、中间点、满量程

　　C. 量程范围为 5 个点　　　　　　　　　　D. 5 个点以上

68. 在 DCS 正常运行状态下,受供电系统突发事故停电影响,DCS 供电回路切入 UPS 后应采取的应急措施是(　　)。

　　A. 保持原控制状态

　　B. 及时报告上级部门,做好紧急停车准备

C. 估算 UPS 供电持续时间,并通告供电部门及时轮修

D. 以上三项

69. 在 DCS 系统中,(　　)占绝大部分。

　　A. 现场仪表设备故障　　　　　　　　B. 系统故障

　　C. 硬件、软件故障　　　　　　　　　D. 操作、使用不当造成故障

70. DCS 系统网卡配置正确,但操作站与控制站之间、各操作站之间通信不成功的原因是(　　)。

　　A. 网线不通或网络协议不对　　　　　B. 子网掩码或 IP 地址配置错误

　　C. 集线错误　　　　　　　　　　　　D. 以上三项

71. DCS 系统在检修或停电后重新上电前,要确认系统连接正常,且接地良好,接地端对地电阻不超过(　　)Ω。

　　A. 1　　　　　　　　B. 4　　　　　　　　C. 10　　　　　　　　D. 30

72. 计算机集散控制系统的现场控制站内各功能模块所需直流电源一般为 ±5 V、±15 V(±12 V),以及(　　)V。

　　A. ±10　　　　　　　B. ±24　　　　　　　C. ±36　　　　　　　D. ±220

73. DCS 的冗余包括电源冗余、(　　)的冗余、控制回路的冗余、过程数据高速公路的冗余等。

　　A. 输入/输出模块　　B. 数据处理　　　　C. 通信　　　　　　D. 回路诊断

74. DCS 的 I/O 通道中没有(　　)通道。

　　A. 模拟量　　　　　　B. 脉冲量　　　　　C. 位移量　　　　　D. 开关量

75. DCS 中的各种卡件是指(　　)。

　　A. 软件　　　　　　　B. 硬件　　　　　　C. 软件和硬件　　　D. 各种程序

76. DCS 的模拟量输入中没有(　　)。

　　A. 0 ~ 220 V AC　　　B. 0 ~ 10 mA DC　　C. 4 ~ 20 mA DC　　D. 1 ~ 5 V DC

77. DCS 的系统故障报警信息中,不包括(　　)。

　　A. 故障发生时间　　　　　　　　　　B. 故障点物理位置

　　C. 故障排除方法　　　　　　　　　　D. 故障原因、类别

78. 互感器的二次绕组必须一端接地,其目的是(　　)。

　　A. 提高测量精度　　　　　　　　　　B. 确定测量范围

　　C. 防止二次过负荷　　　　　　　　　D. 保证人身安全

79. 为了保障人身安全,将电气设备正常情况下不带电的金属外壳接地称为(　　)。

　　A. 工作接地　　　　　B. 保护接地　　　　C. 工作接零　　　　D. 保护接零

80. 不能用于 PLC 编程的语言有(　　)。

　　A. 梯形图　　　　　　B. 状态转换图　　　C. 语言　　　　　　D. 英语

81. 如果发生了过程报警,工艺人员可在(　　)中确认。

　　A. 总貌画面　　　　　B. 趋势画面　　　　C. 报警画面　　　　D. 控制组画面

82. 在 DCS 系统中进入(　　)可查看工艺参数的历史数据。

　　A. 流程图画面　　　　B. 报警画面　　　　C. 趋势画面　　　　D. 控制组画面

83. 得到电压或电流信号以后,经过一定时间再动作的继电器称为(　　)。

　　A. 时间继电器　　　　B. 电压继电器　　　C. 电流继电器　　　D. 中间继电器

84. 在 PLC 中,存储器主要用于存放(　　)。

　　A. 系统程序、用户程序及检测程序　　　　B. 系统数据、用户数据及检测数据

　　C. 系统程序、用户程序及工作数据　　　　D. 诊断程序、系统程序及用户程序

85. 世界上第一台 PLC 生产于(　　)。

　　A. 1968 年德国　　　B. 1967 年日本　　　C. 1969 年美国　　　D. 1970 年法国

86. 下列结构中,不属于 PLC 的基本组成结构的是(　　)。

　　A. CPU　　　　　　　　　　　　　　　B. 输入、输出接口

　　C. 存储器　　　　　　　　　　　　　　D. 定时器

87. 若 PLC 的输出设备既有直流负载又有交流负载,则选择 PLC 的输出类型为(　　)。

　　A. 干接触型　　　　　　　　　　　　　B. 晶体管输出型

　　C. 继电器输出型　　　　　　　　　　　D. 晶闸管输出型

88. 继电接触式控制电路可以翻译成 PLC 的(　　)程序。

　　A. 助记符　　　　　　B. 梯形图　　　　　C. C 语言　　　　　D. 汇编语言

89. 下列不属于 S7 - 200 系列 PLC 的编程元件的是(　　)。

　　A. 输入继电器 I　　　B. 输出继电器 Q

　　C. 辅助继电器 M　　　D. 热继电器 FR

90. S7 - 200 系列 PLC 的中断事件优先权最高的为(　　)。

　　A. 定时中断　　　　　B. 计数器中断　　　C. I/O 中断　　　　D. 通信中断

91. S7 - 300 系列 CPU 的钥匙开关,在(　　)的状态下不能拔出来。

　　A. RUN - P　　　　　B. CPU 在线运行　　　C. RUN　　　　　　D. 发生故障

92. 比例控制规律的缺点是(　　)。

　　A. 滞后　　　　　　　　　　　　　　　B. 系统的稳定性降低

　　C. 易使系统产生波动　　　　　　　　　　D. 有余差

93. DCS 系统又称为(　　)。

　　A. 集中控制系统　　　　　　　　　　　B. 分散控制系统

　　C. 计算机控制系统　　　　　　　　　　D. 集散控制系统

94. 装拆接地线的导线端时,要对(　　)保持足够的安全距离,防止触电。

　　A. 构架　　　　　　　B. 瓷质部分　　　　C. 带电部分　　　　D. 导线之间

95. 气开、气关的选择与(　　)有关。

　　A. 控制器的形式　　　B. 管道的位置　　　C. 生产安全　　　　D. 工艺要求

96. S7 - 300 系列 PLC 中组织块很多,OB1 是其中一个重要的成员,以下对 OB1 的作用描述正确的是(　　)

　　A. 循环组织块　　　　　　　　　　　　B. 定时中断组织块

　　C. 通信组织块　　　　　　　　　　　　D. 初始化组织块

97. S7 - 300 的电源模块为背板总线提供的电压是(　　)。

A. 5 V DC　　　　B. 12 V DC　　　　C. 0 ~ 12 V DC　　　　D. 24 V DC

98. 下列不具有通信联网功能的 PLC 是(　　　)。

A. S7 - 200　　　　B. S7 - 300　　　　C. GE90U　　　　D. F1 - 30MR

99. 每一个 PLC 都必须有一个(　　　),才能正常工作。

A. CPU 模块　　　　B. 扩展模块　　　　C. 通信处理器　　　　D. 编程器

100. 下列结构中,不属于 PLC 的基本组成结构的是(　　　)。

A. CPU　　　　B. 输入、输出接口　　　　C. 存储器　　　　D. 定时器

101. DDC 比起模拟仪表控制的主要优点在于很容易在计算机中
(　　　)和其他复杂的运算规律。

A. 采集多个生产过程被控质量　　　　B. 实现 D/A 转换

C. 实现 A/D 转换　　　　D. 实现 PID

102. 气动执行机构的阀位开关反馈信号应该连接 PLC 的(　　　)模　第 101 - 150 题
块。

A. DI　　　　B. DO　　　　C. AI　　　　D. AO

103. 某 PLC 的输出接口是晶体管电路,则其输出可驱动(　　　)负载。

A. 交流　　　　B. 直流　　　　C. 交、直流　　　　D. 不能确定

104. 并联电路中加在每个电阻两端的电压都(　　　)。

A. 不等　　　　　　　　　　　　B. 相等

C. 等于各电阻上电压之和　　　　D. 分配的电流与各电阻值成正比

105. 电容器上标注的符号 224 表示其容量为 22×10^4(　　　)。

A. F　　　　B. μF　　　　C. mF　　　　D. pF

106. 铁磁材料在磁化过程中,当外加磁场 H 不断增加,而测得的磁场强度几乎不变的性质称为(　　　)。

A. 磁滞性　　　　B. 剩磁性　　　　C. 高导磁性　　　　D. 磁饱和性

107. 正弦量有效值与最大值之间的关系,正确的是(　　　)。

A. $E = E_m/\sqrt{2}$　　B. $U = U_m/2$　　C. $I_{av} = 2/\pi \times E_m$　　D. $E_{av} = E_m/2$

108. 串联正弦交流电路的视在功率表征了该电路的(　　　)。

A. 电路中总电压有效值与电流有效值的乘积

B. 平均功率

C. 瞬时功率最大值

D. 无功功率

109. 变压器的基本作用是在交流电路中变电压、变电流、(　　　)、变相位和电气隔离。

A. 变磁通　　　　B. 变频率　　　　C. 变功率　　　　D. 变阻抗

110. 三相异步电动机的转子由转子铁芯、(　　　)、风扇、转轴等组成。

A. 电刷　　　　B. 转子绕组　　　　C. 端盖　　　　D. 机座

111. 三相异步电动机的启停控制线路中需要有短路保护、过载保护和(　　　)功能。

A. 失磁保护　　　　B. 超速保护　　　　C. 零速保护　　　　D. 失压保护

112. ( )以电气原理图、安装接线图和平面布置图最为重要。

    A. 电工   B. 操作者   C. 技术人员   D. 维修电工

113. 点接触型二极管可工作于( )电路。

    A. 高频   B. 低频   C. 中频   D. 全频

114. 当二极管外加电压时,反向电流很小,且不随( )变化。

    A. 正向电流   B. 正向电压   C. 电压   D. 反向电压

115. 测得某电路板上晶体三极管 3 个电极对地的直流电位分别为 $V_E = 3$ V, $V_B = 3.7$ V, $V_C = 3.3$ V,则该管工作在( )。

    A. 放大区   B. 饱和区   C. 截止区   D. 击穿区

116. 测量直流电流时应注意电流表的( )。

    A. 量程   B. 极性   C. 量程及极性   D. 误差

117. 用万用表测电阻时,每个电阻挡都要调零,如调零不能调到欧姆零位,说明( )。

    A. 电源电压不足,应换电池   B. 电池极性接反

    C. 万用表欧姆挡已坏   D. 万用表调零功能已坏

118. 使用兆欧表时,下列做法不正确的是( )。

    A. 测量电气设备绝缘电阻时,可以带电测量电阻

    B. 测量时,兆欧表应放在水平位置上,未接线前先转动兆欧表做开路试验,看指针是否在"∞"处,再把 L 和 E 短接,轻摇发电机,看指针是否为"0",若开路指"∞",短路指"0",说明兆欧表是好的

    C. 兆欧表测完后应立即使被测物放电

    D. 测量时,摇动手柄的速度由慢逐渐加快,并保持 120 r/min 左右的转速 1 min 左右,这时读数较为准确

119. 如果触电者伤势较重,已失去知觉,但心跳和呼吸还存在,应使( )。

    A. 触电者舒适、安静地平躺   B. 周围不围人,使空气流通

    C. 解开伤者的衣服以利呼吸,并速请医生前来或送往医院

    D. 以上都是

120. 电器着火时下列不能用的灭火方法是( )。

    A. 用四氯化碳灭火   B. 用二氧化碳灭火

    C. 用沙土灭火   D. 用水灭火

121. 防雷装置包括( )。

    A. 接闪器、引下线、接地装置   B. 避雷针、引下线、接地装置

    C. 接闪器、接地线、接地装置   D. 接闪器、引下线、接零装置

122. 国家鼓励和支持利用可再生能源和( )发电。

    A. 磁场能   B. 机械能   C. 清洁能源   D. 化学能

123. 验电笔在使用时( )手接触笔尖金属探头。

    A. 提倡用   B. 必须用   C. 不能用   D. 可以用

124. 电压互感器二次侧并联的电压线圈不能( )。

A. 过小　　　　　　B. 过大　　　　　　C. 过多　　　　　　D. 过少

125. 电能表的电流线圈(　　)在电路中。

A. 混联　　　　　　B. 串联　　　　　　C. 并联　　　　　　D. 互联

126. 钳形电流表不能带电(　　)。

A. 读数　　　　　　B. 换量程　　　　　C. 操作　　　　　　D. 动扳手

127. 选用功率表时应使电流量程不小于负载电流,电压量程(　　)负载电压。

A. 等于　　　　　　B. 不大于　　　　　C. 不低于　　　　　D. 不等于

128. 电缆一般由(　　)、绝缘层和保护层组成。

A. 橡皮　　　　　　B. 导电线芯　　　　C. 麻线　　　　　　D. 薄膜纸

129. 电流互感器至电流表布线的铜导线截面面积应大于或等于(　　)。

A. 0.5 mm²　　　　B. 0.75 mm²　　　C. 1.5 mm²　　　　D. 2.5 mm²

130. 热继电器由热元件、(　　)、动作机构、复位机构和整定电流装置组成。

A. 线圈　　　　　　B. 触头系统　　　　C. 手柄　　　　　　D. 电磁铁

131. 漏电保护器在一般环境下选择的动作电流不超过(　　)mA,动作时间不超过0.1 s。

A. 30　　　　　　　B. 50　　　　　　　C. 10　　　　　　　D. 20

132. 管线配线时,导线绝缘层的绝缘强度不能低于 500 V,铜芯线导线最小截面面积为(　　)。

A. 0.5 mm²　　　　B. 0.75 mm²　　　C. 1 mm²　　　　　D. 1.5 mm²

133. 导线剥削时,无论采用何种工具和剥削方法,一定不能损伤导线的(　　)。

A. 绝缘　　　　　　B. 线芯　　　　　　C. 接头　　　　　　D. 长度

134. 进行多股铜导线的连接时,将散开的各导线(　　)对插,再把张开的各线端合拢,取任意两股同时绕 5～6 圈后,采用同样的方法调换两股再卷绕,依次类推,绕完为止。

A. 隔一根　　　　　B. 隔两根　　　　　C. 隔三根　　　　　D. 隔四根

135. 导线在接线盒内的接线柱中连接(　　)绝缘。

A. 需要外加　　　　B. 不需外加　　　　C. 用黑胶布　　　　D. 用透明胶带

136. 在接零保护系统中,任何时候都应保证工作零线与保护零线的(　　)。

A. 绝缘　　　　　　B. 畅通　　　　　　C. 隔离　　　　　　D. 靠近

137. 动力主电路由电源开关、熔断器、接触器主触头、(　　)、电动机等组成。

A. 按钮　　　　　　B. 时间继电器　　　C. 速度继电器　　　D. 热继电器

138. 动力控制电路通电测试的最终目的是(　　)。

A. 观察各按钮的工作情况是否符合控制要求

B. 观察各接触器的动作情况是否符合控制要求

C. 观察各熔断器的工作情况是否符合控制要求

D. 观察各断路器的工作情况是否符合控制要求

139. 用分度号为 K 的热电偶和与其匹配的补偿导线测量温度,但在接线中把补偿导线的极性接反了,则仪表指示(　　)。

A. 偏大　　　　　　　　　　　　　　　B. 偏小

C.不变　　　　　　　　　　　　　D.可能大,也可能小

140.扩散硅压力变送器测量线路中,电阻 R_f 是电路的负反馈电阻,其作用是(　　)。

　A.进一步减小非线性误差　　　　　B.获得变送器的线性输出

　C.调整仪的满刻度输出　　　　　D.利于环境的温度补偿

141.将被测差压转换成电信号的设备是(　　)

　A.平衡电容　　　B.脉冲管路　　　C.差压变送器　　　D.显示器

142.当清管器通过触点式信号发生器后,信号器发出信号,这时操作人员必须(　　)方可使信号停止。

　A.拉开常闭按钮　　　　　　　　　B.拉开常开按钮

　C.取出清管球　　　　　　　　　　D.挤压顶杆

143.在自控系统中一般微分时间用(　　)表示。

　A.P　　　　　　B.I　　　　　　C.D　　　　　　D.PID

144.以下不是我国生产的仪表常用的精确度等级的是(　　)。

　A.0.005　　　　B.0.01　　　　C.0.1　　　　D.1.0

145.某台测温仪表的测温范围是 $200 \sim 700$ ℃,校验该表时得到的最大绝对误差为 $+4$ ℃,则该表的精度等级为(　　)。

　A.0.1　　　　　B.0.5　　　　　C.0.8　　　　　D.1.0

146.仪表的精确度指的是(　　)。

　A.误差　　　　　　　　　　　　　B.基本误差

　C.允许误差　　　　　　　　　　　D.基本误差的最大允许值

147.仪表的零点准确但终点不准确的误差称为(　　)。

　A.量程误差　　　B.基本误差　　　C.允许误差　　　D.零点误差

148.按误差出现的规律,误差可分为(　　)。

　A.定值误差、累计误差　　　　　　B.绝对误差、相对误差、引用误差

　C.基本误差、附加误差　　　　　　D.系统误差、随机误差、疏忽误差

149.以下形式中(　　)不是串级调节系统调节器的型式选择依据。

　A.工艺要求　　　B.对象特性　　　C.干扰性质　　　D.安全要求

150.关于分程控制系统的叙述中,下列说法不正确的是(　　)。

　A.是由一个调节器同时控制两个或两个以上的调节阀

　B.每一个调节阀根据工艺要求在调节器输出的一段信号范围内动作

　C.主要目的是扩大可调范围

　D.主要目的是减小可调范围

151.有两个调节阀,其可调比 $R_1 = R_2 = 30$,第一个阀最大流量 $Q_{1max} = 100$ m³/h,第二个阀最大流量 $Q_{2max} = 4$ m³/h,采用分程调节时,可调比达到(　　)。

　A.740　　　　　B.300

　C.60　　　　　D.900

第 151—200 题

152.可以满足开停车时小流量和正常生产时的大流量的要求,使之都能有较好的调节质量的是( )控制。

  A. 简单   B. 串级   C. 分程   D. 比值

153.有一台正在运行中的气关单座阀总是无法闭合,下列原因不正确的是( )。

  A. 阀芯、阀座磨损严重   B. 阀门定位器输出总是在最大值

  C. 阀芯、阀座间有异物卡住   D. 阀杆太短

154.液柱式压力计是基于( )原理工作的。

  A. 液体静力学 B. 静力平衡 C. 霍尔效应 D. 力平衡

155.常用的液柱式压力计有( )。

  A.U 形管压力计、单管压力计、斜管压力计

  B. 弹簧管式压力计、波纹管式压力计、膜盒式微压计

  C. 电位式、电感式、电容式

  D. 活塞式压力计、浮球式压力计、钟罩式微压计

156.Pt100 铂电阻在 0 ℃时的电阻值为( )。

  A.0   B.0.1 Ω   C.100 Ω   D.108 Ω

157.下列关于电阻温度计的叙述中不恰当的是( )。

  A.电阻温度计的工作原理是利用金属丝的电阻随温度做近似线性的变化

  B.电阻温度计在温度检测时,有时间延迟的缺点

  C.与电阻温度计相比,热电偶所测温度相对较高一些

  D.因为电阻体的电阻丝是用较粗的导线做成的,所以有较强的耐振性能

158.补偿导线的正确敷设,应该从热电偶起敷到( )为止。

  A. 就地接线盒   B. 仪表盘端子板

  C. 二次仪表   D. 与冷端温度补偿装置同温的地方

159.绝对温度 273.15 K,相当于( )℃。

  A.0   B.100   C.273.15   D.25

160.下列关于双金属温度计的描述中,不正确的是( )。

  A.由两片膨胀系数不同的金属牢固地粘在一起

  B.可将温度变化直接转换成机械量变化

  C.是一种固体膨胀式温度计

  D.长期使用后其精度更高

161.转子流量计中的流体流动方向是( )。

  A. 自上而下   B. 自下而上

  C. 自上而下或自下而上都可以   D. 水平流动

162.椭圆齿轮流量计是一种( )流量计。

  A. 速度式   B. 质量   C. 差压式   D. 容积式

163.涡轮流量计是一种( )流量计。

  A. 速度式   B. 质量   C. 差压式   D. 容积式

164.用差压法测量容器液位时,液位的高低取决于( )。

A. 容器上、下两点的压力差和容器截面

B. 压力差、容器截面和介质密度

C. 压力差、介质密度和取压位置

D. 容器高度和介质密度

165. 用压力法测量开口容器液位时,液位的高低取决于(　　)。

　　A. 取压点位置和容器截面　　　　　　B. 取压点位置和介质密度

　　C. 介质密度和容器截面　　　　　　　D. 容器高度和介质密度

166. 浮筒式液位计测量液位的最大测量范围就是(　　)长度。

　　A. 浮筒　　　　　　　　　　　　　　B. 玻璃液位计

　　C. 浮筒正负引压阀垂直距离　　　　　D. 玻璃液位计正负引压阀垂直距离

167. 调节阀前后压差较小,要求泄漏量小,一般可选用(　　)。

　　A. 单座阀　　　　　B. 隔膜阀　　　　　C. 偏心旋转阀　　　　D. 蝶阀

168. 调节强腐蚀性流体,可选用(　　)。

　　A. 单座阀　　　　　B. 隔膜阀　　　　　C. 偏心旋转阀　　　　D. 蝶阀

169. 既要求调节,又要求切断时,可选用(　　)。

　　A. 单座阀　　　　　B. 隔膜阀　　　　　C. 偏心旋转阀　　　　D. 蝶阀

170. DCS 系统中 DO 表示(　　)。

　　A. 模拟输入　　　　B. 模拟输出　　　　C. 开关量输出　　　D. 开关量输入

171. 自动控制系统是一个(　　)。

　　A. 开环系统　　　　B. 闭环系统　　　　C. 定值系统　　　　D. 程序系统

172. 下列控制系统中,属于开环控制的是(　　)。

　　A. 定值控制　　　　B. 随动控制　　　　C. 前馈控制　　　　D. 程序控制

173. DCS 系统操作站中系统信息区中显示(　　)信息。

　　A. 过程报警　　　　B. 报表　　　　　　C. 控制参数　　　　D. 系统报警

174. DCS 系统的控制面板中,"AUTO"的含义是(　　)。

　　A. 回路出错　　　　　　　　　　　　B. 回路在手动控制

　　C. 回路在自动控制　　　　　　　　　D. 回路在串级控制

175. 在 DCS 系统的控制面板中,如果回路在"MAN"时改变输出,将直接影响(　　)参数。

　　A. 给定值　　　　　B. 输出值　　　　　C. 测量值　　　　　D. 偏差值

176. 关于 DCS 系统的硬件组成,下面说法正确的是(　　)。

　　A. 显示器、鼠标、键盘等

　　B. 操作站、工程师站、控制站、通信单元等

　　C. 流程图画面、报警画面、报表画面、控制组画面等

　　D. 调节单元、显示单元、运算单元、报警单元等

177. 当继电器的线圈得电时,将会发生的现象是(　　)。

　　A. 常开触点和常闭触点都闭合

　　B. 常开触点和常闭触点都断开

C.常开触点闭合,常闭触点断开

D.常开触点断开,常闭触点闭合

178.关于串级控制系统的叙述,下列说法不正确的是(　　)。

A.由主、副两个调节器串接工作

B.主调节器的输出作为副调节器的给定值

C.目的是实现对副变量的定值控制

D.副调节器的输出去操纵调节阀

179.下列属于高压触电方式的是(　　)。

A.单相触电　　　　B.两相触电　　　　C.三相触电　　　　D.跨步电压触电

180.通常情况下,不高于(　　)的电压对人是安全的,称为安全电压。

A.48 V　　　　B.20 V　　　　C.36 V　　　　D.15 V

181.人体对电的承受能力与(　　)无关。

A.通过人体的电流路径　　　　　　B.人的身高情况

C.电流的大小和通电的时间　　　　D.电压的大小

182.标定可燃气体探测器的标气浓度必须大于20% LEL,一般情况下为(　　)LEL。

A.20%　　　　B.30%　　　　C.50%　　　　D.100%

183.当市电断电时,UPS将(　　)中的化学能转换成电能供给负载。

A.蓄电池　　　　B.整流器　　　　C.逆变器　　　　D.旁路开关

184.有液体流过调节阀,在节流口流速急剧上升,压力下降,若此时压力下降到低于液体在该温度下的饱和蒸汽压便会汽化,分解出气体后形成气液双向流动,这种现象叫(　　)。

A.闪蒸　　　　B.空化　　　　C.气蚀　　　　D.腐蚀

185.关于调节器的正反作用,下列说法不正确的是(　　)。

A.其目的是使调节器、调节阀、对象三个环节组合起来,在控制系统中实现负反馈作用

B.在复杂控制系统中,各调节器的正反作用不一定相同

C.操纵变量增加,被控变量也增加的称为"正作用"调节器

D.调节器的输出信号随偏差的增加而增加的称为"正作用"调节器

186.交流电的三要素是指最大值、频率、(　　)。

A.相位　　　　B.角度　　　　C.初相角　　　　D.电压

187.天然气脱酸脱碳是指脱除天然气中的(　　)。

A.硫化氢、二氧化碳、一氧化碳

B.硫化氢、二氧化碳、有机硫化物

C.二氧化碳、一氧化碳、有机硫化物

D.硫化氢、一氧化碳、有机硫化物

188.引压管应保证有(　　)的倾斜度。

A.2∶10～2∶20　　　B.1∶15～1∶20　　　C.1∶10～1∶20　　　D.5∶10～5∶20

189.工业上用的玻璃管液位计的长度为(　　)。

A. 100 ~ 300 mm   B. 300 ~ 1 200 mm   C. 100 ~ 1 000 mm   D. 500 ~ 5 000 mm

190. 一般把两点之间的电位之差称为(   )。

   A. 电动势   B. 电势差   C. 电压   D. 电压差

191. 自由端温度补偿解决了(   )的问题。

   A. 自由端温度为零   B. 自由端温度不为零

   C. 自由端温度为正   D. 自由端温度为负

192. 分析部分的作用是将被分析物质成分的变化,转换成某种(   )的变化。

   A. 压力信号   B. 气信号   C. 电信号   D. 温度信号

193. 预处理装置是将样品加以适当处理,使其符合(   )的要求。

   A. 输入   B. 指示   C. 控制   D. 分析器

194. 热导式分析器是一种最早的(   )气体分析器。

   A. 化学式   B. 氢   C. 物理式   D. 氧

195. 原子吸收光谱分析法的优点有(   )。

   A. 检出率低   B. 可同时测定多种元素

   C. 精度低   D. 应用范围窄

196. 色谱柱是气相色谱仪的(   )。

   A. 重要组成部分   B. 心脏   C. 核心   D. 分离部分

197. 电源电动势的大小表示(   )做功能力的大小。

   A. 电场力   B. 外力   C. 摩擦力   D. 磁场力

198. 在自动化领域内,把被控质量不随时间变化的平衡状态称为系统的(   )。

   A. 动态   B. 静态   C. 过渡过程   D. 平衡过程

199. 集中型计算机控制系统将大量功能集于一身,把(   )集中了。

   A. 显示   B. 危险   C. 采样   D. 数据处理

200. 国际标准信号即现场传输信号为 4 ~ 20 mA,控制室联络信号为 1 ~ 5 V,信号电流与电压的转换电阻为(   )。

   A. 250 Ω   B. 24 Ω   C. 4 ~ 20 Ω   D. 1 ~ 5 Ω

二、判断题

1. 为了保证三相异步电动机实现反转,正、反转接触器的主触头有时可以同时闭合。   (   )

2. 启动按钮应为常闭触头,停止按钮应为常开触头。   (   )   **第 1 - 50 题**

3. 行程开关的作用是将机械信号转换成电信号以控制电动机的工作状态,从而控制运动部件的行程。   (   )

4. 按钮、接触器双重联锁正反转控制线路的优点是工作安全可靠,操作方便。   (   )

5. 正反转电路中互相串接对方接触器的一对常闭触头是为了自锁。   (   )

6. 时间继电器是在电路中起控制动作时间的继电器。   (   )

7. 三相异步电动机的"异步"指的是旋转磁场与转子旋转的速率不同。   (   )

8. 软启动不属于降压启动的一种。   (   )

9. Y – △降压启动只适用于正常工作时定子绕组三角形连接的电动机。（　　）

10. 行程开关可以用来控制配电柜里面的照明灯。（　　）

11. 电动机使用的电源电压和绕组接法,必须与铭牌上规定的一致。（　　）

12. 按下按钮电动机就得电运转,松开按钮电动机就失电停转的控制方法,称为点动控制。（　　）

13. 自锁触头与启动按钮串联。（　　）

14. 热继电器的热元件串接在三相主电路中,常闭触头串接在控制电路中。（　　）

15. 把接入电动机三相电源进线中的任意两相对调接线时,电动机就可以反转。（　　）

16. 位置控制又称为行程控制或限位控制。（　　）

17. 电动机的降压启动不会降低启动转矩。（　　）

18. 按下复合按钮时,其常开触头和常闭触头同时动作。（　　）

19. 当按下启动按钮再松开时,其常开触头一直处于闭合接通状态。（　　）

20. 接触器触头的常开和常闭是指电磁系统未通电动作前触头的状态。（　　）

21. 定时器定时时间长短取决于定时分辨率。（　　）

22. 雨天穿的胶鞋,在进行电工作业时也可暂作绝缘鞋使用。（　　）

23. 开关量逻辑控制程序是将 PLC 用于开关量逻辑控制软件,一般采用 PLC 生产厂家提供的如梯形图、语句表等编程语言编制。（　　）

24. PLC 是采用"并行"方式工作的。（　　）

25. TONR 的启动输入端 IN 由"1"变"0"时定时器复位。（　　）

26. EM231 热电偶模块可以连接 6 种类型的热电偶。（　　）

27. RS – 232 串行通信接口使用的是正逻辑。（　　）

28. PLC 中的存储器是一些具有记忆功能的半导体电路。（　　）

29. PLC 可以向扩展模块提供 24 V 直流电源。（　　）

30. EM232 模拟量输出模块是将模拟量输出寄存器 AQW 中的数字量转换为模拟量。（　　）

31. S7 – 200 系列 PLC 的点对点通信网络使用 PPI 协议进行通信。（　　）

32. EM231 模拟量输入模块的单极性数据格式为 – 32 000 ~ +32 000。（　　）

33. 手持通信器的两根通信线是没有极性的,正负可以随便接。（　　）

34. 在防爆车间动火,即便是使用电烙铁,也必须办理动火手续。（　　）

35. 控制器参数一旦整定好了,可以长期保持不变运行。（　　）

36. 无纸记录仪的特点是无纸、无墨水、无一切机械传动部件。（　　）

37. 仪表受环境变化产生的误差是系统误差。（　　）

38. 煤气炉 PLC 通信模块型号为 EM227。（　　）

39. 屏蔽电缆及屏蔽电线的屏蔽层必须接地,应两端接地。（　　）

40. 接触器触头的常开和常闭是指线圈未通电动作前触头的状态。（　　）

41. 当危险侧发生短路时,齐纳式安全栅中的电阻起限能作用。（　　）

42. 信号回路接地不应与屏蔽接地共用同一接地网。（　　）

43. 屏蔽电缆及屏蔽电线的屏蔽层必须接地,接地点应在控制室一侧。 （　）

44. 引起自动调节系统被调量波动的因素叫干扰。 （　）

45. 集散控制系统的一个显著特点就是管理集中,控制分散。 （　）

46. PLC 系统和 DCS 系统都是控制系统的一种类型。 （　）

47. 交换机是一个工作在物理层的网络设备。 （　）

48. 工程师站与操作站在硬件上有明显的界限。 （　）

49. 过程显示画面有利于了解整个 DCS 系统的连接配置。 （　）

50. 流程图画面不是标准操作显示画面。 （　）

51. 插拔 DCS 卡件时,为防止人体静电损伤卡体上的电气元件,应在系统断电后进行。 （　）

52. UPS 主要用于自控系统和 DCS 电源,保证电源故障时控制系统的长期运行。 （　）

第 51～100 题

53. 现场总线是一条连接现场智能设备与自动化系统的全数字、双向通信线路。 （　）

54. PLC 的输入接线的 COM 端与输出接线的 COM 端不能接在一起。 （　）

55. DCS 系统接地一般有 2 个,即仪表信号地和安全保护地。 （　）

56. DCS 主要应用于连续生产过程,对间歇生产过程不适用。 （　）

57. 网络调试时,常用的 DOS 调试命令是 ping。 （　）

58. 如编译出现错误,可双击出错信息,光标将跳至出错处,针对出错处进行修改。 （　）

59. PLC 程序不能装入的原因是内存没有初始化,或 CPU 内存板故障。 （　）

60. PLC 系统输入、输出全部不关断的原因是 CPU 不良。 （　）

61. DCS 系统根据维护工作的不同可分为日常维护、应急维护、预防维护。 （　）

62. 当关闭 DCS 系统时,首先要让每个操作站依次退出实时监控及操作系统后,才能关掉操作站工控机及显示屏电源。 （　）

63. 操作站硬件出现故障检修时,必须先释放身体静电后再进行检修更换。 （　）

64. 控制站的常见故障为控制器故障、I/O 卡件故障、通道故障和电源故障。 （　）

65. 集散控制系统的通信卡件包括操作站通信卡和控制站通信卡两大类。 （　）

66. 在对集散控制系统检修前一定要做好组态数据和系统的备份工作。 （　）

67. UPS 可输出 24 V、220 V 电压。 （　）

68. DCS 系统故障可分为固定性故障和偶然性故障。如果系统发生故障后可重新启动,使系统恢复正常,则可认为是偶然性故障。 （　）

69. 在关闭 DCS 操作站的电源时,首先确认所有文件和数据均已保存好,不再有任何文件正在往磁盘中存储后方可关闭电源。 （　）

70. DCS 系统中的 I/O 卡件信号类型虽然有不同,但是接线方式和组态参数是相同的。 （　）

71. DCS 操作站不需要配备大容量的外部设备,把数据直接传到工程师站存储就可以了。 （　）

72. 根据经验,PLC 控制系统常见故障,一方面来自外部设备(现场设备),另一方面来自内部系统(硬件),而故障主要来源于 PLC 本身,外部设备故障很少。　　　　（　　）

73. 热电偶线路出现短路时,DCS 画面数据显示为机柜室温。　　　　（　　）

74. 雷雨天气需要巡视室外高压设备时,应穿绝缘靴,与带电体要保持足够的距离。　　　　（　　）

75. 测量值小数点后的位数越多,测量越精确。　　　　（　　）

76. 1.5 级仪表的精度等级可写为 ±1.5 级。　　　　（　　）

77. 热电偶的测温原理是基于热电效应,其热电势的大小,不仅取决于热电偶材料的材质和两端的温度,而且与热电偶的直径和长短也有关系。　　　　（　　）

78. 力平衡式压力变送器与电容式压力变送器一样,都是利用弹性元件受压后产生的位移变换成电量的。　　　　（　　）

79. 实现积分作用的反馈运算电路是 RC 微分电路,而实现微分作用的反馈运算电路是 RC 积分电路。　　　　（　　）

80. 仪表灵敏度数值越大,则仪表越灵敏。　　　　（　　）

81. 角接取压和法兰取压只是取压方式不同,但标准孔板的本体结构是一样的。　　　　（　　）

82. PLC 系统和 DCS 系统都是控制系统的一种类型。　　　　（　　）

83. S7 系列的 PLC 系统控制程序编程工具软件包都是一样的。　　　　（　　）

84. DCS 系统更适合于模拟量检测控制较多、回路调节性能要求高的场合。　　（　　）

85. 仪表的允许误差越大,则精确度越高;允许误差越小,则精确度越低。　　（　　）

86. 如果仪表不能及时反映被测参数,便要产生误差,这种误差称为静态误差。　　　　（　　）

87. 在使用弹性式压力计测量压力的过程中弹性元件可以无限制地变形。　　（　　）

88. 单管压力计与 U 形管压力计相比,其读数误差不变。　　　　（　　）

89. 常用的温标有摄氏、华氏和凯氏温标三种,即 ℃、℉ 和 K。　　　　（　　）

90. 热电偶的延长线必须用补偿导线。　　　　（　　）

91. 0.02 W 与 2×10^{-2} W 具有相同的有效数字位数。　　　　（　　）

92. 由于智能变送器的精度很高,所以在用通信器对其进行组态后便可直接安装使用。　　　　（　　）

93. 当压力开关的被测压力超过额定值时,弹性元件的自由端产生位移直接或经过比较后推动开关元件,改变开关元件的通断状态。　　　　（　　）

94. 对于隔爆型变送器来说,只要回路电阻不超过 600 Ω,则输出信号的传输距离无限定,而本安型的变送器,导线的长度有规定。　　　　（　　）

95. 化学反应器最重要的被控变量是进料流量。　　　　（　　）

96. 操纵变量是指被控对象内要求保持设定数值的工艺参数。　　　　（　　）

97. 双法兰变送器比普通变送器测量精度高,特别适用于测量介质易冷凝,汽化,黏度大的场合。　　　　（　　）

98.时滞是指从输入量产生变化的瞬间起,到引起输出量开始变化的瞬间为止的时间间隔。　　　　　　　　　　　　　　　　　　　　　　　　　　　(　　)

99.热电阻温度变送器的输入热电阻一端开路时,温度变送器输出将输出最大值。　　　　　　　　　　　　　　　　　　　　　　　　　　　　　　　(　　)

100.在热电偶测温回路中,只要显示仪表和连接导线两端温度相同,热电偶总电动势值不会因它们的接入而改变,这是根据中间导体定律而得出的结论。　　(　　)

101.压力式温度计中的毛细管越长,则仪表的反应时间越快。(　　)

102.根据测量方式的不同,温度测量仪表可分为接触式与非接触式两类。　　　　　　　　　　　　　　　　　　　　　(　　)

第101-150题

103.转子流量计对上游侧的直管要求不严。　　　　　　　(　　)

104.超声波流量计对上游侧的直管要求不严。　　　　　　(　　)

105.测量液位用的差压计,其差压量程由介质密度和封液高度决定。　(　　)

106.当被测轻介质充满浮筒界面计的浮筒室时,仪表应指示0%;当充满被测重介质时,仪表应指示100%。　　　　　　　　　　　　　　　　　　　　　　(　　)

107.调节阀的稳定性,是指阀在信号压力不变时能否抵抗各种干扰的性能。(　　)

108.调节阀的填料是防止介质因阀杆移动而泄漏。　　　　　　　　　(　　)

109.当信号为20 mA时,调节阀全开,则该阀为气关阀。　　　　　(　　)

110.套筒阀比单座阀、双座阀的噪声要低。　　　　　　　　　　　(　　)

111.偏心阀特别适用于低压差、大口径、大流量的气体和浆状液体。　(　　)

112.简单控制系统由被控对象、测量变送单元和调节器组成。　　　(　　)

113.炼油化工自动化系统一般包括自动检测、自动信号联锁、自动操作、自动调节系统。　　　　　　　　　　　　　　　　　　　　　　　　　　　　　(　　)

114.自动调节系统的给定值是根据生产要求人为设定的。　　　　　(　　)

115.DCS系统(distributed control system)是集散控制系统的简称。　(　　)

116.操作工在使用DCS系统的操作站时,不具备修改PID参数的权限。　(　　)

117.DCS操作站中过程报警和系统报警的意义是一样的,都是由于工艺参数超过设定的报警值而产生的。　　　　　　　　　　　　　　　　　　　　　　　(　　)

118.操作工在操作DCS系统时,发现流程图中测量值在闪烁,一般情况下这表示仪表失灵或系统故障。　　　　　　　　　　　　　　　　　　　　　　　　(　　)

119.串级控制中,一般情况下主回路常选择PI调节器或PID调节器,副回路常选择P调节器或PI调节器。　　　　　　　　　　　　　　　　　　　　　　　　(　　)

120.分程控制中所有调节阀的风开、风关必须一致。　　　　　　　(　　)

121.调节器的正反作用和调节阀的正反作用意义相同。　　　　　　(　　)

122.大部分差压变送器的检测元件都采用膜盒组件,因它具有很好的灵敏性和线性。　　　　　　　　　　　　　　　　　　　　　　　　　　　　　　　(　　)

123.使用孔板测量流量时,流量与差压成正比。　　　　　　　　　(　　)

124.调节阀工作在小开度有利于延长使用寿命。　　　　　　　　　(　　)

125.两位型调节阀动作十分频繁,膜片会很快破裂,不利于延长使用寿命。(　　)

126. 双法兰液位计是一种差压变送器。 （　　）

127. 直流继电器的衔铁卡住时,其线圈不发热,不被烧坏;交流继电器的衔铁卡住时,其线圈容易发热,易被烧坏。 （　　）

128. 用电容式液位计测量导电液体的液位时,液位变化相当于两电极间的介电常数在变化。 （　　）

129. 手持通信器要连到变送器回路时,通信器电源应先关掉。 （　　）

130. 在设计计算节流装置时,差压值大时,所需的最小直管段可以短一些。 （　　）

131. 工业自动化根据生产过程的特点可分为两种类型:过程控制自动化、制造工业自动化。 （　　）

132. 仪表按其功能可分为四种:测量变送仪表、控制仪表、显示报警保护仪表和执行器。 （　　）

133. 测量流体流量的仪表叫流量计,测量总量的仪表叫计量表。 （　　）

134. 转子流量计是差压式流量计仪表。 （　　）

135. 工业上常用的热电阻有铁电阻和铂电阻两种。 （　　）

136. 成分分析仪表是基于混合物中某一组分区别于其他组分的物理、化学特性来进行分析的。 （　　）

137. 氧化锆分析仪由检测部分和显示仪表两部分组成。 （　　）

138. 电压互感器和电流互感器的作用是将高电压和大电流转换成对人员危害较小的低电压和小电流的设备。 （　　）

139. 通常所说的红外光谱是指中红外区。 （　　）

140. 根据被分析试样色谱的不同,分析仪可分为气相色谱分析仪和液相色谱分析仪。 （　　）

141. 基型控制器由控制单元和指示单元两部分组成。 （　　）

142. 基本控制规律有三种:双位控制、比例控制、积分控制。 （　　）

143. 单元组合仪表的特点在于仪表由各种独立的相互间采用统一的简单信号的单元组合而成。 （　　）

144. 在自动控制系统中,控制器的作用是通过控制器完成的。 （　　）

145. 电动执行器具有动作快速、便于集中控制等优点。 （　　）

146. 根据不同的使用要求,调节阀结构有不同的种类。 （　　）

147. 选用不同的阀和装配形式,可以改善阀的流量特征和正反作用形式。 （　　）

148. 自动控制系统是在人工调节的基础上产生和发展起来的。 （　　）

149. 一个简单的控制系统由被控对象、测量变送单元、控制器、控制阀四个环节组成的。 （　　）

150. 按设定值的不同,可以将自动控制系统分为定值控制系统、随动控制系统、程序控制系统。 （　　）

附录 2　电气仪表维修工试题答案

一、单项选择题

1. C	2. B	3. B	4. A	5. A
6. C	7. A	8. A	9. B	10. B
11. D	12. C	13. B	14. C	15. C
16. A	17. A	18. A	19. A	20. D
21. D	22. D	23. D	24. A	25. A
26. C	27. D	28. A	29. C	30. D
31. B	32. C	33. D	34. A	35. A
36. D	37. B	38. A	39. C	40. B
41. C	42. C	43. C	44. B	45. B
46. C	47. A	48. D	49. C	50. B
51. D	52. B	53. D	54. C	55. C
56. C	57. D	58. D	59. B	60. A
61. C	62. D	63. D	64. A	65. D
66. B	67. B	68. D	69. A	70. D
71. B	72. B	73. A	74. C	75. B
76. A	77. C	78. D	79. B	80. D
81. C	82. C	83. A	84. C	85. C
86. D	87. D	88. B	89. D	90. D
91. A	92. D	93. B	94. C	95. C
96. C	97. A	98. D	99. A	100. D
101. D	102. D	103. B	104. B	105. D
106. D	107. A	108. A	109. D	110. B
111. D	112. D	113. A	114. D	115. B
116. C	117. A	118. A	119. D	120. D
121. A	122. C	123. C	124. C	125. B
126. B	127. C	128. B	129. D	130. B
131. A	132. C	133. B	134. A	135. B
136. B	137. D	138. B	139. D	140. C
141. C	142. A	143. C	144. B	145. D
146. D	147. A	148. D	149. D	150. D
151. A	152. C	153. B	154. A	155. A
156. C	157. D	158. D	159. A	160. D
161. B	162. D	163. A	164. C	165. B
166. A	167. A	168. B	169. C	170. C

171. B	172. C	173. D	174. C	175. B
176. B	177. C	178. C	179. D	180. D
181. C	182. C	183. C	184. A	185. C
186. C	187. B	188. C	189. B	190. C
191. B	192. C	193. D	194. C	195. A
196. B	197. A	198. B	199. B	200. A

二、判断题

1. ×	2. ×	3. √	4. √	5. ×
6. √	7. √	8. ×	9. √	10. √
11. √	12. √	13. ×	14. ×	15. √
16. √	17. ×	18. √	19. ×	20. √
21. √	22. ×	23. √	24. ×	25. ×
26. ×	27. ×	28. √	29. √	30. √
31. √	32. √	33. √	34. √	35. ×
36. √	37. √	38. ×	39. √	40. √
41. √	42. ×	43. √	44. √	45. √
46. √	47. ×	48. ×	49. √	50. √
51. ×	52. ×	53. √	54. √	55. ×
56. ×	57. √	58. √	59. √	60. ×
61. √	62. √	63. √	64. √	65. √
66. √	67. ×	68. √	69. √	70. ×
71. ×	72. ×	73. ×	74. √	75. ×
76. ×	77. ×	78. ×	79. √	80. √
81. √	82. √	83. ×	84. √	85. ×
86. ×	87. ×	88. ×	89. √	90. √
91. √	92. ×	93. √	94. √	95. ×
96. ×	97. ×	98. √	99. √	100. √
101. ×	102. √	103. √	104. ×	105. ×
106. √	107. √	108. √	109. ×	110. √
111. ×	112. ×	113. √	114. √	115. √
116. ×	117. ×	118. ×	119. √	120. ×
121. ×	122. √	123. ×	124. ×	125. √
126. √	127. ×	128. ×	129. √	130. √
131. ×	132. √	133. √	134. √	135. ×
136. √	137. √	138. √	139. √	140. ×
141. √	142. ×	143. ×	144. ×	145. √
146. √	147. ×	148. √	149. √	150. √

参 考 文 献

[1] 姜华.高压电工作业[M].2 版. 徐州:中国矿业大学出版社,2015.

[2] 杜鹃.测量仪表与自动化[M].3 版. 东营:中国石油大学出版社,2013.

[3] 赵益民.图解仪表维修工入门考证一本通[M].北京:化学工业出版社,2015.

[4] 谢克明,夏路易.可编程控制器原理与程序设计[M].2 版.北京:电子工业出版社,2010.

[5] 王克华,张继峰.石油仪表及自动化[M].北京:石油工业出版社,2015.

[6] 范玉久.化工测量及仪表[M].2 版.北京:化学工业出版社,2002.

[7] 厉玉鸣.化工仪表及自动化[M].5 版.北京:化学工业出版社,2010.

[8] 赵景波.零基础学西门子 S7 - 200PLC[M].北京:机械工业出版社,2013.

[9] 电力拖动控制线路与技能训练[M].4 版.北京:中国劳动社会保障出版社,2012.